キャンプ座間と相模総合補給廠

栗田尚弥著　有隣堂発行　有隣新書――85

キャンプ座間
朝日新聞社提供

《目　次》

序章　キャンプ座間、そして相模総合補給廠とは

相模総合補給廠　相模原市蔵

「無期限使用」の提供財産

太平洋戦争終結まで、日本には、軍都、軍郷と呼ばれた都市や地域が存在した。陸軍の師団や連隊が置かれた金沢（石川県）や佐倉（千葉県）、海軍の鎮守府が置かれた呉（広島県）や佐世保（長崎県）、予科練で有名な阿見・土浦（茨城県）、陸軍飛行場をはじめ多くの陸軍航空施設が置かれた立川周辺（東京都）、明治の建軍以来の陸軍演習場であった習志野原（千葉県）などがその典型的なものである。神奈川県にも鎮守府が置かれ海軍航空のメッカでもあった横須賀、海軍厚木飛行場を抱えた大和や綾瀬、海軍火薬廠の街平塚など多くの軍都が存在した。そして、相模原もまた典型的な軍都であった。

もともと相模原を含む高座地方一帯は、千葉県の習志野原同様、明治初年から陸軍の演習地として利用されてきた。とは言え、一九三〇年代前半まで相模原周辺は典型的な畑作農村地帯であった。

しかし、一九三七（昭和一二）年、日中戦争勃発直後、陸軍士官学校本科が東京市ヶ谷から現相模原市域の麻溝・新磯両村と座間村（まもなく町制施行、現、座間市）に移転・開校し、以後相模兵器製造所（のちに相模陸軍造兵廠）など陸軍の施設や部隊が次々と現相模原市域に進出することになった。そして一九四一年には、上溝町、座間町など二町六村が合併（座間は戦後分離）、相模原町が成立し、戦時体制下新たな「軍都」として発展していく。

敗戦後、全国の日本軍施設同様、相模原の日本軍施設にも連合国軍（占領軍、実体は米軍）が進駐した。特に陸軍士官学校の跡地に開設された第四補充処は東日本に展開する米軍の拠点となった。のちに士官学校跡地は「キャンプ座間」という正式名称を得て、朝鮮戦争が勃発すると戦場に移動する米軍の集結地となり、さらに米軍や国連軍の後方・兵站（へいたん）基地として大きな役割を果たした。また、旧相模陸軍造兵廠は、現在の相模総合補給廠（ほきゅうしょう）の前身、陸軍横浜技術廠相模工廠となり、米軍の「工場」として操業を開始した。

一九五一年九月、米国サンフランシスコにおいて対日講和会議（サンフランシスコ講和会議）が開かれ、同月八日の対日平和条約調印式には会議参加五二ヶ国中四九ヶ国が調印、翌年四月同条約の発効により日本は「独立」を回復した。

だが、「独立」回復後も米軍が日本から撤収することはなかった。平和条約調印式と同じ日に日米間で調印され、同条約と同時に発効した日米安全保障条約（安保条約）により、日本の「独立」回復後も米軍は連合国軍（占領軍）としてではなく、在日の米軍として日本に駐留し続けることになったのである。

なお、当時から現在に至るまで、一般的に在日の米軍は「在日米軍」と通称されるが（広義の在日米軍）、正確には、在日米軍とは一九五七年の米極東軍（ＦＥＣ）の廃止にともない創設された米軍部隊U.S. Forces, Japan（ＵＳＦＪ）のことである。

要するに、広義の在日米軍には、狭義の在日米軍（ＵＳＦＪ）の麾下（きか）や指揮下すなわち作戦統制下にはないが、日本の米軍基地・施設に駐留する米軍部隊（いわゆるテナント部隊）も含まれているのである（図1）。

一九五二年二月、日米行政協定が調印され、敗戦後連合国軍によって接収されていた旧日本軍施設などの財産は、講和条約と安保条約の発効にともない、日本から米軍への提供財産に切り換わることになった。その際、学校、図書館など軍事的に価値の低い施設は日本側に返還されることになったが、旧日本軍施設の多くは返還対象からはずされた。

そして、神奈川県下の旧日本軍施設の多くも、そのまま米軍の「無期限使用」に供されることになった。キャンプ座間など相模原・座間地区の米軍の基地や施設六ヶ所も、米軍への「無期限使用」の提供財産となり、他に一ヶ所が「一時使用」施設となった。ちなみに、日米行政協定上、またそれを継承した日米地位協定上も、米軍の「基地」や「施設」はすべて「施設及び区域」（facility and area）となっている。

対アジア戦略の〈前線司令部〉

その後、一九五七（昭和三二）年六月の岸・アイゼンハウアー共同声明や六九年のニクソン・ドクトリンなどにより、神奈川県内においても米軍部隊の撤収や基地・施設の縮小と日本側への返還が進められた。しかし米軍にとっての神奈川県の重要性が減ぜられたわけではなく、今日でも横須賀海軍施設、海軍厚木航空施設（厚木基地）など一二の基地・施設が県内におかれている（総面積一七三八万六〇〇〇平方メートル）。そして、相模原・座間地区にも三つの米軍施設―キャンプ座間、相模総合補給廠、相模原住宅地区―が存続している。

現在米軍が海外に有する大型基地（代替資産価値一〇万ドル以上）の総数は三六、そのうち日本に置かれているのは一三である（ドイツ七、韓国五、イタリア三）。この一三の大型基地のなかには、神奈川県内にある横須賀海軍施設、厚木航空施設（厚木基地）、キャンプ座間の三つが入っている（梅林宏道『在日米軍―変貌する日米安保体制―』）。

この大型基地一三を「価値の高い」順にならべてみると、横須賀海軍施設が沖縄県の嘉手納飛行場に次いで二位、厚木航空施設が八位にランクされているのに対し、キャンプ座間は最下位（一三位）である（同書）。

確かに、原子力空母の母港である横須賀海軍施設や夜間連続離着陸訓練（ＮＬＰ）など様々な問題を引き起こしてきた厚木航空施設（厚木基地）に比べ、キャンプ座間の（そして相模総合補給廠の）〈知名度〉は全国的に見て高いとは言えない。しかし、右の順位は代替資産価値＝「ある基地と同じ規模と能力をもつ基地を別の場所に建設するに要する金額」（同書）に基づいたものであり、役割の重要性をもとにした順位ではない。

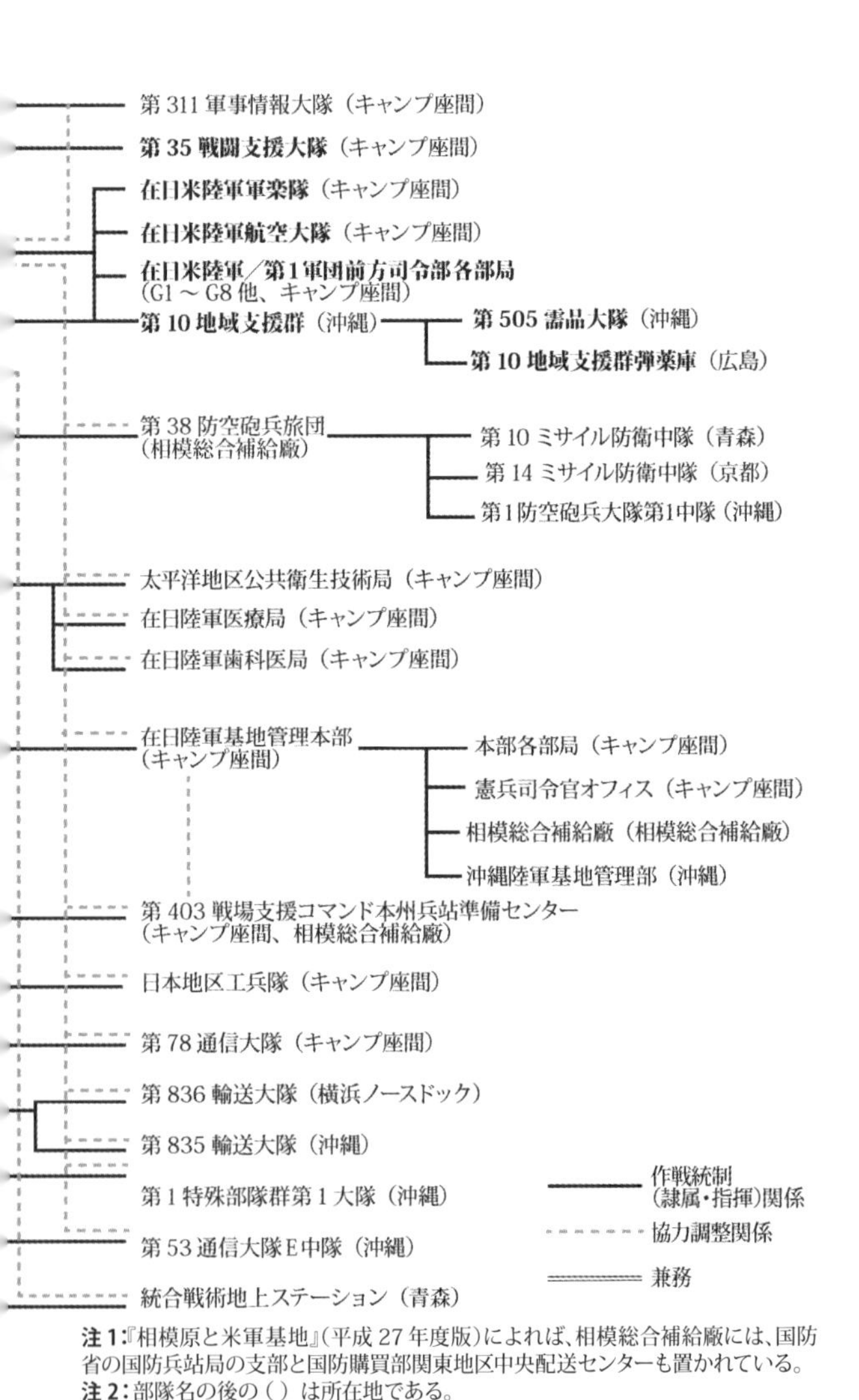

注1：『相模原と米軍基地』（平成27年度版）によれば、相模総合補給廠には、国防省の国防兵站局の支部と国防購買部関東地区中央配送センターも置かれている。
注2：部隊名の後の（ ）は所在地である。
注3：太字の部隊は、在日米軍司令部、在日米陸軍／第1軍団前方司令部およびその麾下部隊である。

図1　在日本米陸軍主要部隊組織図（2019 年現在）

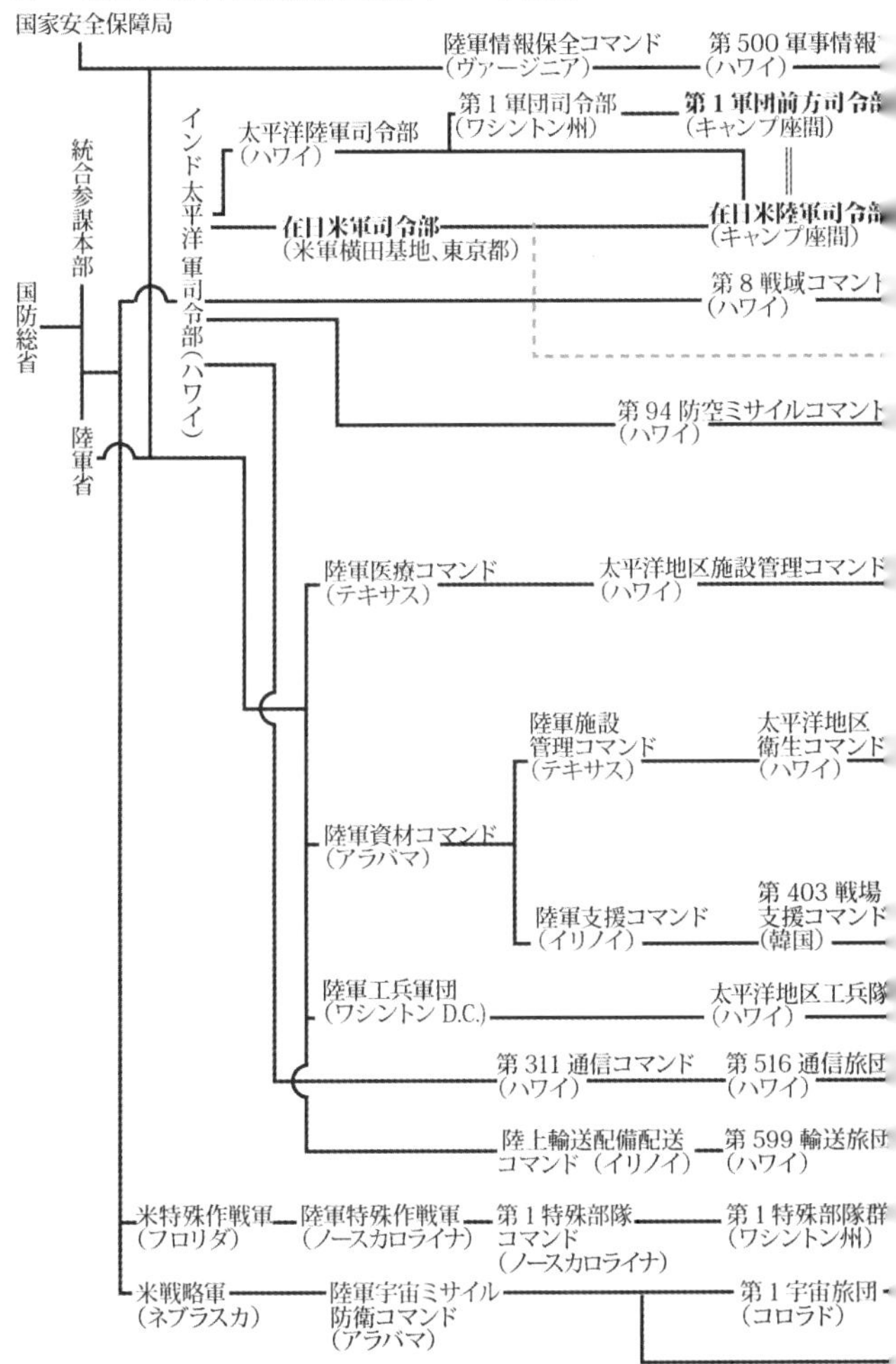

出典:在日米軍司令部のホームページをもとに、相模原市『相模原と米軍基地』（平成27年度版）、米陸軍各部隊のホームページ等を参照して作成。

表1　神奈川県内の米軍基地・施設　2019年3月31日現在

	基地施設名	軍別	土地面積（1000㎡）	所在地
①	根岸住宅地区	海	429	横浜市
②	横浜ノース・ドック	陸	524	横浜市
③	鶴見貯油施設	海	184	横浜市
④	吾妻倉庫地区	海	802	横須賀市
⑤	横須賀海軍施設	海	2,363	横須賀市
⑥	浦郷倉庫地区	海	194	横須賀市
⑦	池子住宅地区及び海軍補助施設	海	2,884	逗子市、横浜市
⑧	相模総合補給廠	陸	1,967	相模原市
⑨	相模原住宅地区	陸	593	相模原市
⑩	キャンプ座間	陸	2,292	相模原市、座間市
⑪	海軍厚木航空施設	海	5,056	綾瀬市、大和市
⑫	長坂小銃射撃場	海	97	横須賀市
	合計（12施設）		17,386	

出典：神奈川県ホームページ／防衛省ホームページ所収のものを一部修正。
注1：土地面積は四捨五入のため、合計が一致しないことがある。
注2：長坂小銃射撃場は、現在陸上自衛隊武山駐屯地業務隊の管理下で、覆道式射撃場として使用され、米軍が一時的に共同使用している。

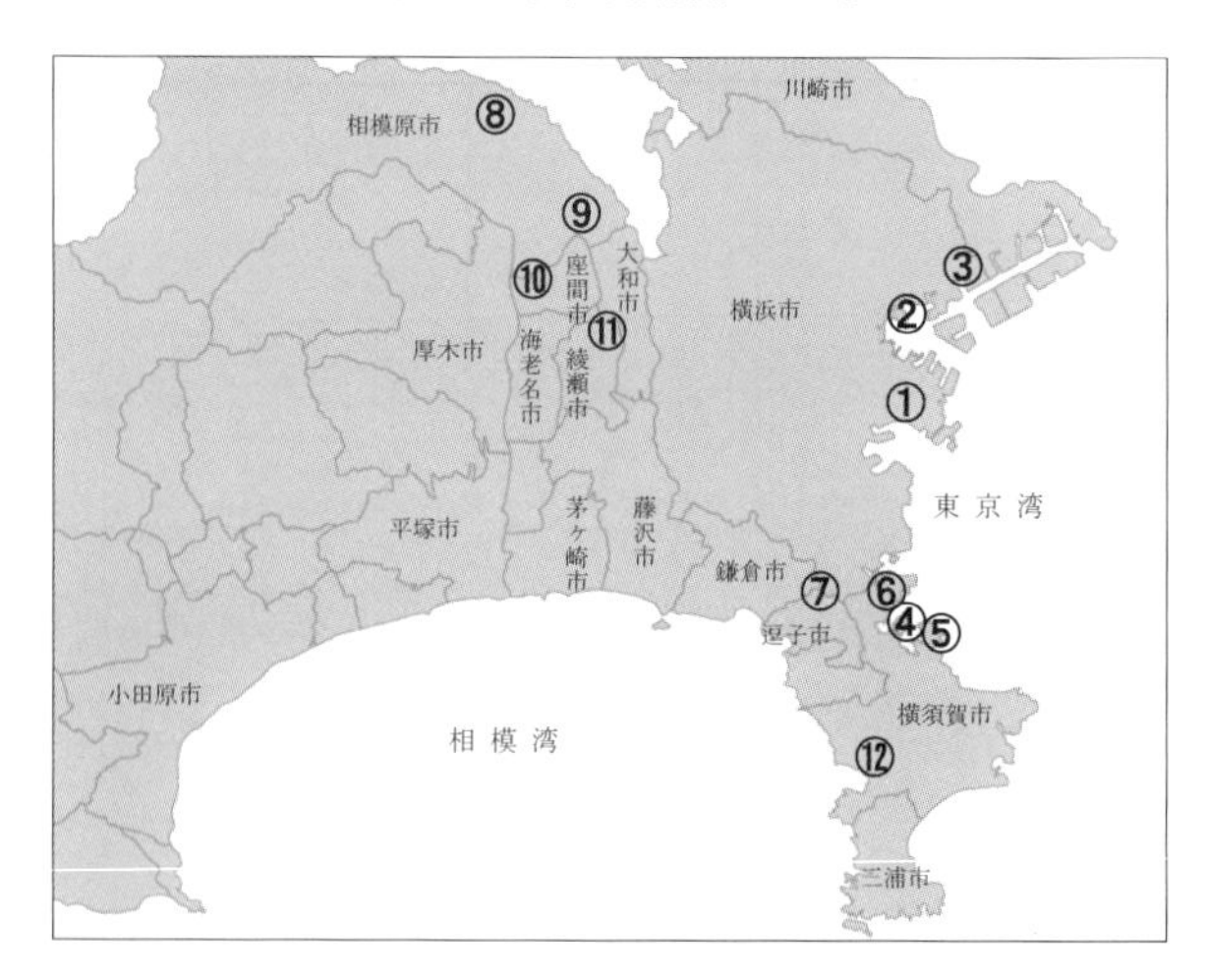

朝鮮戦争当時、キャンプ座間は米陸軍機関誌のなかで「日本防衛の中枢」（『アーミータイムズ』一九五二年七月二七日）と評された。また、相模総合補給廠の前身横浜技術廠相模工廠は、開設された当時「世界で最も大きい工廠」と言われた。それから七〇年近くたった現在、キャンプ座間には在日米陸軍の司令部が置かれている。

そして、この司令部は、米軍再編成（トランスフォーメーション）と米軍技術革命（ＲＡＡ）の目玉部隊ともいうべき第一軍団の前方司令部を兼ね、その司令官は第一軍団の副司令官を兼ねている。また、日本国中の米陸軍基地・施設の管理を担当する在日陸軍基地管理本部や軍事情報（諜報）部隊である第三一一軍事情報大隊もキャンプ座間に置かれている。

さらに、キャンプ座間には日米「同盟」の象徴とも言うべき、陸上自衛隊中央即応集団司令部が二〇一三（平成二五）年に開設された。一方相模総合補給廠には、米国のトランプ政権が進める「国家安全保障戦略」を象徴するかのように第三八防空砲兵旅団司令部が二〇一八年に開設された。

キャンプ座間や相模総合補給廠は、今や米軍の対アジア戦略を支える〈前線司令部〉とも言うべきものになりつつあると言っても過言ではない。

本書では、このキャンプ座間と相模総合補給廠について、戦後七〇年にわたる変遷過程を追いながらその米軍内での役割を明らかにするとともに、両施設が地域にとっていかなる存在であるかについて見てみたいと思う。

一章　軍都相模原

キャンプ座間内の「相武臺」の碑
小林光男氏提供

1　演習地から軍都へ

日本陸軍の演習地

現在の相模原・座間両市と米軍との関係は、一九四五（昭和二〇）年九月に始まる。だがそれ以前に、両市は日本陸軍との長く深い歴史を有していた。

一八七二（明治五）年一一月、明治政府は「全国募兵ノ詔書」を発し、同時に「其生血ヲ以テ国ニ報スル」という文言で有名な「徴兵告諭」を発した。さらに翌七三年一月、兵制改革と合わせて「徴兵編成並概則」（いわゆる「徴兵令」）が制定された。日本においても、徴兵にもとづく国民皆兵制が敷かれることになったのである。

国民皆兵制は近代的軍隊への第一歩であるが、軍隊が真に近代的な軍隊となるためには、兵士に軍人としての自覚を持たせ、さらに肉体的にも質を向上させること、すなわち兵士の「強兵」化が必要であり、そのためには絶え間ない訓練と演習が不可欠であった。単純な訓練だけならば、軍隊駐屯地の営庭（えいてい）でも可能である。だが、演習にはそれなりの広さを有する演習地が必要であった。

この演習地として建軍早々の陸軍が眼を付けたのが、下総地方（現、千葉県）南西部に広がる旧幕府の牧地（大和田原）と神奈川県（当時）の八王子周辺から藤沢周辺にかけての地域、すなわち南多摩（七八年に神奈川県南多摩郡となるが九三年からは東京都管轄）及び高座地域（七八年から高座郡）であった（特に現在の東京都八王子市、同町田市、神奈川県相模原市、同座間市周辺）。この〈南多摩・高座演習地域〉は、周辺に多摩丘陵、相模原台地、高座丘陵が広がり、しかも一級河川である相模川が流れるという、演習には絶好の地であった。

一八七三年四月、印旛県（現、千葉県）大和田原（演習の後、明治天皇によって習志野原と命名される）において、明治天皇臨席のもと、薩摩、長州、土佐の旧藩出身の兵士二八〇〇名からなる近衛兵四個大隊の演習が行われた。この演習は徴兵制による兵士を対象としたものではなかったが、日本で最初の本格的陸軍演習であった。

この大和田原での演習の翌年（一八七四年）三月、陸軍戸山学校生徒による約一〇日間の行軍演習が八王子周辺で実施された。戸山学校は、尉官や下士官を対象とした陸軍軍学校の一つで、歩兵部隊の戦術や射撃、銃剣術、剣術などの歩兵戦技、体育（のちに軍楽も）などの研究や教官養成を目的としていた。

七四年三月の演習は、戸山学校生徒に対する教育の一貫として実施されたもので、いわば〈教育演習〉とでも言うべきものである。〈南多摩・高座演習地域〉での〈教育演習〉はしばしば実施されたようで、八四年七月には、陸軍大学校学生の野外演習が高座郡において実施されて

クレメンス・ヴィルヘルム・J・メッケル

いる。

　さらに、八六年三月には、ドイツ陸軍少佐クレメンス・ヴィルヘルム・J・メッケルが参謀旅行地調査のため山梨県及び〈南多摩・高座演習地域〉に出張している。参謀旅行とは、実際に野外に赴き、その現地の地形を見ながら戦闘状況を想定し、架空作戦を立案するもので、メッケルが、将来の参謀や上級指揮官を養成する陸軍大学校での教育の一環としてドイツから持ち込んだものであった。

　自然の起伏に富む〈南多摩・高座演習地域〉は、メッケルにとって絶好の参謀旅行地に見えたのであろうか。〈南多摩・高座演習地域〉での陸軍大学校の参謀旅行は、一九四五（昭和二〇）年の敗戦により陸軍大学校がその歴史に幕を閉じるまで続けられた。

　このような〈教育演習〉は、将校や下士官、陸軍大学校の学生を対象とした小規模な演習であったが、中隊以上の部隊の演習も〈南多摩・高座演習地域〉において一八七〇年代から実施されている。七六年四月、「東京鎮台各隊」の「露営演習」が、八王子から「甲州都留郡」（現、山梨県都留市）にかけて実施された（陸軍省「東京府へ東京鎮台兵行軍演習に付云々達しの件達」

および同「山梨県へ東京鎮台兵行軍演習に付云々達しの件達」、明治九年三月、『大日記 官省使庁府県送達』アジア歴史資料センター C04026730200 及び C04026730300）。管見では、これが〈南多摩・高座演習地域〉での部隊レベルの演習記録で最も古いものであり、以後、陸軍各級部隊の演習も、〈南多摩・高座演習地域〉においてしばしば実施されるようになった。

　演習はその規模も兵科（へいか）も様々であり、例えば一八八八年三月には、日本で最初の騎兵部隊である騎兵第一大隊（東京鎮台隷下（れいか）、衛戍地（えいじゅち）・東京）が、「八王子駅近傍」において「諸種ノ野外演習」を実施している（東京鎮台司令官三好重臣［陸軍大臣大山巌宛］「騎兵隊修行演習旅行の件」明治二一年二月八日、『肆大日記』、同 C07070164900）。

　ちなみにこの年五月、鎮台制廃止にともない東京鎮台も廃止となり、その後には同鎮台を改編した第一師団が置かれ、騎兵第一大隊も第一師団に隷属することになった。さらに、この騎兵第一大隊の野外演習から半年後、今度は兵站業務を専門とする輜重兵（しちょうへい）第一大隊（第一師団隷下）が、「武蔵国入間郡多摩郡及相模国高座郡地方」において七日間にわたる野外演習を実施している（第一師団長三好重臣［陸軍大臣大山巌宛］「輜重兵第一大隊野外演習の件」、明治二一年八月一四日、『肆大日記』、同 C07070252300）。

　この演習には、輜重兵のみならず従来軍夫と称されてきた輜重輸卒も参加しており、実戦を想定しての演習であることがわかる。

〈南多摩・高座演習地域〉での陸軍演習のなかで特筆すべきは、一九二一（大正一〇）年一一月に実施された特別大演習である。この演習は天皇の名代として皇太子（後の昭和天皇）が統裁し、大野村（現、相模原市）に臨時飛行場が設置されるなど文字どおりの大演習であった。現相模原・座間市域は、演習の中心地にこそならなかったが、多くの兵士が市域内を往来し市域に宿泊した。

陸軍士官学校の移転

〈南多摩・高座演習地域〉での陸軍特別大演習から約一年十ヶ月を経た一九二三（大正一二）年九月一日、関東大震災が発生した。

この大震災の翌年、東京麻布にあった歩兵第三連隊の移転ばなしが起こり、高座郡大和村（現、大和市）が有力視されているとの噂が流れた。連隊移転の噂に現相模原市域も敏感に反応し、相原、大野、溝の各村は連隊誘致運動を展開（『相模原市史』第四巻）、〈南多摩・高座演習地域〉にある東京府八王子市と同南多摩郡堺村（現、町田市）は、相原村の誘致運動を支援した。また、大演習の際に臨時陸軍飛行場が設置された大野村には陸軍も注目していたという（同書）。

結局、第三連隊の移転は実現しなかったが、十数年後、現相模原・座間市域は「軍都相模原」として急速に発展することになる。

一九三六（昭和一一）年五月、陸軍士官学校本科が東京市牛込区市ヶ谷台（現、東京都新宿区）から高座郡の座間村（同年一二月に町制施行、現、座間市）と同郡新磯村（現、相模原市）にまたがる新校地に移転することになり、翌年九月三〇日士官学校本科生徒隊の主力一三〇〇名が新校舎に入った。

陸軍士官学校（通称、陸士）は、陸軍の現役兵科将校を養成する学校であり、一八七四（明治七）年陸軍士官学校条例に基づき市ヶ谷台に設立された。当初士官学校においてはフランス式の教育方針（士官生徒制）がとられていたが、陸軍自体がフランス型からドイツ型に移行するのにともない、八七年士官学校条例が改正され、士官学校においてもドイツ式（士官候補生制）が採用されることになった。ちなみに、フランス式時代の陸士は旧陸士とも通称され、卒業生の期数は「旧〇期」と表される（ドイツ式時代は、単に「〇期」）。一九二〇年、制度改革により陸軍士官学校には予科と本科が置かれることになったが、教育は予科・本科ともそのまま市ヶ谷台で続けられた。

しかし、一九三一年の満州事変勃発以降、日本は総力戦体制に突入し、より多くの現役将校が必要とされるようになった。また、第一次世界大戦後の軍事技術の急速な発展は、より高度な将校教育を必要としていた。さらに、大都市化した東京は、環境の点からもはや将校教育にふさわしい場所ではなかった。その結果、陸軍内で陸軍士官学校の移転が議論されるように

陸軍士官学校正門　稲垣冨美江氏蔵

なり、三六年四月一六日、陸軍士官学校制度改善審議会は士官学校本科の移転先として、八王子北側地区、原町田西方地区、富士南麓付近、豊橋付近の四ヶ所を選定、その約一ヶ月後（五月一九日）原町田西方地区（現、相模原市、座間市）に決定した（陸軍省軍事課「陸軍士官学校新設位置ニ関スル件」昭和一一年五月一九日、『肆大日記』、防衛研究所蔵）。

この決定を受けて、陸軍は早速用地買収に乗り出した。用地の候補にあがったのは、座間村（翌年町）、新磯村、大野村、麻溝村の四村であり、三六年六月に陸軍（第一師団経理部）と四村村長の第一回会合が座間村役場において開かれた。そして数回にわたる右関係者の会合および陸軍と地主代表との会見の結果、新校舎敷地として座間と新磯の両村が、また練兵場として麻溝村が選定された。

そして、一九三七年秋、陸軍士官学校本科は相模の地に移転、間もなく改めて「陸軍士官学校」としてスタートした。この年の七月には、中国大陸において日中戦争の発端となる日中両軍の軍事衝突事件（盧溝橋事件）が勃発している。

同年一二月二〇日、陸士第五〇期の卒業式が挙行され、これに行幸した昭和天皇は、新生陸軍士官学校の所在地を「相武臺」と名付けた。なお、市ケ谷台に残された士官学校予科もこの年「陸軍予科士官学校」となり、四一年に埼玉県の朝霞町（現、市）に移転し、その所在地は「振武臺」と名付けられた。また、士官学校本科の移転にともない、現役航空兵科将校を育成するための本科として、「陸軍士官学校分校」が分離・独立し、埼玉県陸軍所沢飛行場内に校舎を設けた。同校は三八年五月同県豊岡町（現、入間市）に移転、同年一二月「陸軍航空士官学校」となり、同校の所在地は「修武臺」と名付けられた。

「軍都相模原」の誕生

陸軍士官学校本科の移転をきっかけとして、現相模原・座間地域には次々と陸軍施設が開設されていく。

まず、士官学校開校の翌年、一九三八（昭和一三）年三月には臨時第三陸軍病院が新磯村に設置され、同年八月には陸軍造兵廠東京工廠相模原兵器製造所（相原村、大野村、四〇年に相模陸軍造兵廠と改称）が開廠、一〇月には陸軍工科学校（四〇年に陸軍兵器学校と改称）が東京小石川から大野村に転営した。さらに三九年一月と四月には、電信第一連隊と陸軍通信学校がそれぞれ東京の中野と杉並から大野村に転営、四〇年三月には相模原陸軍病院（当初は原町田陸軍病院）がやはり大野村に開院した。

相模原・座間地域に進出してきたのは陸軍施設だけではなかった。総力戦体制が進展するなか、さらなる発展を目指す軍需産業にとって、東京に近接し、広大な土地と労働力を兼ね備えた高座地域、とりわけ現相模原・座間地域は魅力ある工場用地候補地であった。特に東京工廠相模原兵器製造所（相模陸軍造兵廠）の開廠や陸軍工科学校（陸軍兵器学校）の転営は、軍需産業の相模原・座間地域進出に拍車をかけることになり、浅野重工業淵野辺工場（大野村）、荏原製作所分工場（相原村）などいくつも工場が立地するようになる。

神奈川県立公文書館に所蔵されている昭和一六年付の「地方長官会議書類」を見ると、天皇への奏上事項として「相模原軍都建設計画ノ件」があげられている。そこには、相模原地域への軍事施設や軍需工場の進出について次のようにある。

支那事変勃発ヲ契機トシ更ニ其後ニ於ケル国際情勢ニ即応シ政府ニ於カレマシテハ軍事施設ノ整備拡充ヲ図ラレツツアリ又之ニ呼応シテ民間ニ於ケル軍需産業モ亦著シキモノガアルノデ御座ヰマスガ之ガ為帝都ニ近接シ且地勢等ノ関係ヨリ致シマシテ神奈川県ハ

之等施設ノ適地トシテ選定セラルルモノガ極メテ多イノデ御座ヰマス就中高座郡ノ北部地方ハ通称相模原ト呼バレテ居リマス通リ一望千里ノ平原地方ヲ為シテ居リマス関係上斯ル施設ヲ為ス上ニ最モ好適ノ地トシテ嘱目セラレ……（『相模原市史』近代資料編）

軍事施設や軍需工場の進出は、地域の人口の増加をもたらすことになった。また、施設や工場の運営のためには、道路・水道・電気などのインフラ整備が急がれた。相模原・座間地域の町村は、いきおい都市としての基盤整備に乗り出すことになる。

一九三七年一二月、座間村は昭和天皇の陸士への行幸を記念して町制を施行、その少し前（同年一〇月）、すなわち士官学校本科の移転直後から、座間は都市計画法の適用を受けていた。

都市計画法は、一九一九（大正八）年に制定されたもので、東京市など六大都市（東京、横浜、名古屋、京都、大阪、神戸）の膨張を前提として、都市基盤整備の実施を制度化するために制定されたものである。軍事施設の進出が本格化する三八年以降になると、相模原・座間地域の町村はこぞって内務大臣に都市計画法の申請を提出するようになった。

まず、一九三八年一一月に上溝町が申請書を提出し受理され、三九年には、大野（一月）、相原（同）、新磯（二月）、大沢（三月）、田名（たな）（同）、麻溝（一一月）の各村がそれぞれ申請し受理された。そして、三九年一二月二三日、相模原軍都建設連絡委員会が組織された。この日は、麻溝村への都市計画法の適用が決定された日でもあった。

相模原軍都建設委員会は、「高北地方（高座郡北部──引用者注）の開発進展を図り理想的軍都の建設を期せんが為、大沢村・相原村・田名村・上溝町・大野村・麻溝村・新磯村・座間町を以て」（「相模原軍都建設委員会規約」第一条）組織され、各町村長とその被推薦者（村会議員等）で構成された。ただし、会長には県総務部長が就任し、事務局は県の地方課に置かれた。また、地元選出の県会議員や警察署長も参与として参加した（『座間市史』5 通史編下）。

軍都建設委員会は、相模原・座間地域の各町村が協力して軍都としての都市基盤整備に取り組むことを目的としており、将来における合併を想定したものであった。しかし、委員会を構成する町村の意向は、必ずしも一枚岩的なものではなかった。たとえば、座間町民の多くは、合併によらなくとも、士官学校の所在地として単独あるいは新磯村との合併のみでも、座間は充分発展しうると考えており、新磯村も二町六村の合併について消極的であった。また、右八町村の他、大和村（現、大和市）も、当初は軍都建設委員会に参加したが、村会で合併賛成派・反対派が同数となったため四一年に委員会から離脱した。

新軍都の核を陸軍士官学校とするか、相模陸軍造兵廠とするかでも軍都建設委員会内で意見が分かれ、さらに、士官学校当局者は、都市化にともなう教育環境の悪化を懸念し、合併・軍都化に否定的であった。神奈川県情報課が一九四〇年八月九日に作成した「相模原軍都建設計

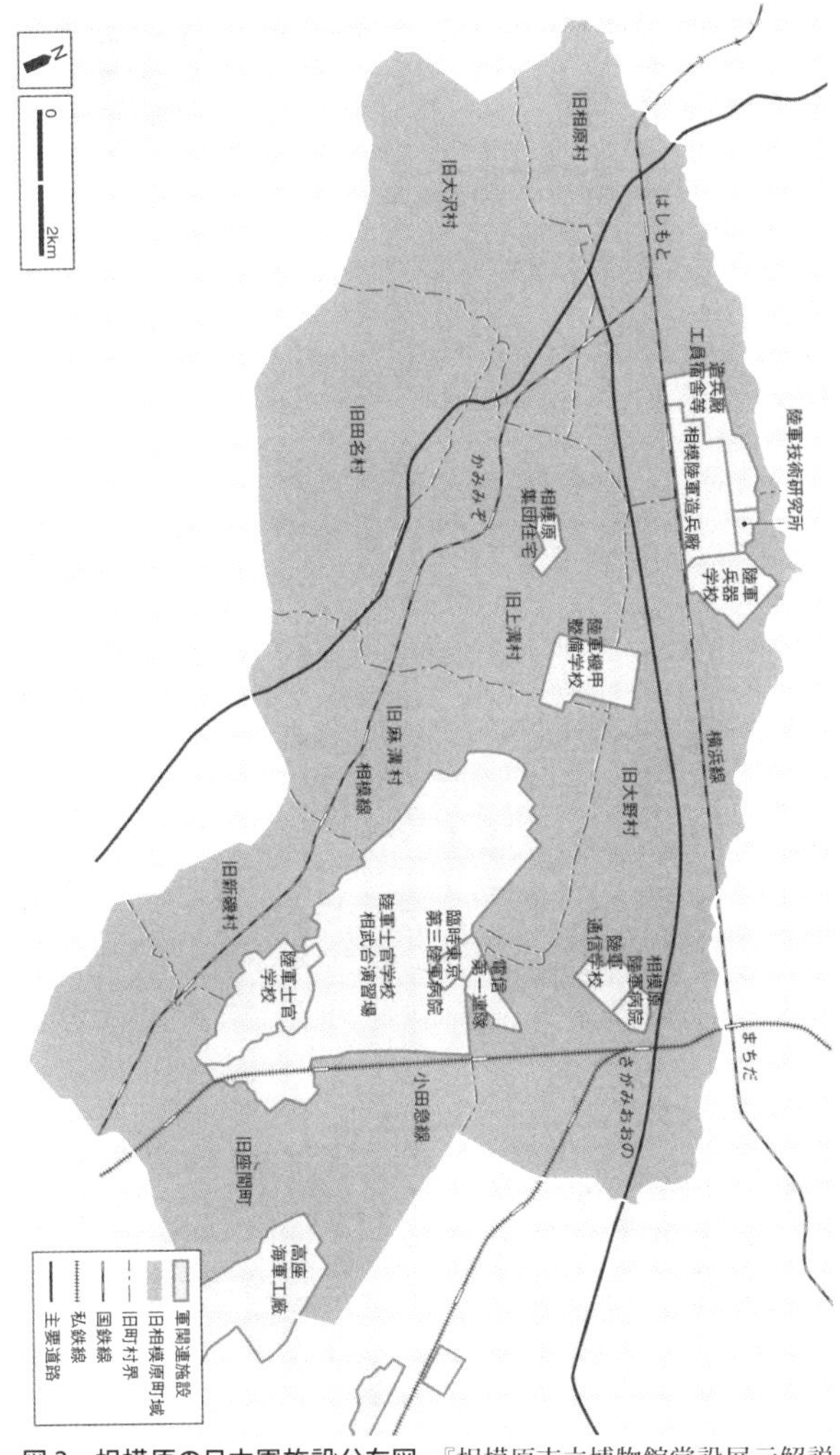

図2　相模原の日本軍施設分布図　『相模原市立博物館常設展示解説書』より

画ニ対スル軍関係・関係町村ノ意嚮内査」によれば、臨時陸軍第三病院、陸軍通信学校、相模陸軍造兵廠の当局者が合併に賛意を表しているのに対し、士官学校当局者は合併に「重大関心ヲ持タサルヲ得ナイ」と語り、四〇年八月五日には「文書ヲ以テ県当局ニ対シ九ヶ町村合併都市計画案ニ反対的意嚮ヲ具陳」したという（前掲『相模原市史』近代資料編）。

結局、士官学校関係者など一部を除く軍当局の強い要望もあり、一九四一年四月二九日、軍都建設委員会を構成する（座間町を含む）二町六村は合併し「相模原町」となった。「軍都相模原」の誕生である。なお、相模原市域の「軍都」化について詳しくは、浜田弘明「軍事都市の都市計画―相模原都市建設事業を例に―」（上山和雄編『帝都と軍隊』）を参照されたい。

その後、「軍都相模原」には、四一年六月に第四陸軍技術廠が開廠し、四二年一〇月には陸軍機甲整備学校が東京目黒から転営、さらに四三年五月には海軍技術廠相模野出張所（四四年に高座海軍工廠となる）も開設された（図2参照）。こうして相模原は新たな軍都として、そして日本を代表する軍都のひとつとして急速に発展していったのである。とは言っても、「軍都相模原」に市制が敷かれることはなかった。相模原に市制が敷かれたのは、敗戦により日本軍が解体した後の一九五四年一一月のことであった。それよりも六年前（一九四八年九月）、座間地区は再び座間町として相模原町から分離・独立していた。

2　終戦と陸軍士官学校

陸軍士官学校に本土決戦部隊司令部

一九四五（昭和二〇）年一月一八日、最高戦争指導会議は、本土決戦即応態勢の確立などを盛り込んだ「今後採るべき戦争指導大綱」を決定、ここに本土決戦を大前提とした決戦体制づくりが本格的に開始されることになり、二月六日には、第一一（東北）、第一二（関東）、第一三（東海）、第一五（近畿、中国、四国）、第一六（九州）の五つの方面軍が新設された。

ちなみに、前年七月、日本の「絶対国防圏」の重要な一角であるサイパン島が「玉砕」すると間もなく、米統合参謀本部（ＪＣＳ）は日本本土侵攻作戦の立案開始を決定、統合戦争計画委員会（ＪＷＰＣ）など統合参謀本部の下部機関は、侵攻計画の本格的研究に入っていた。

この作戦はダウンフォール作戦と呼ばれ、一九四五年一一月発動予定のオリンピック作戦（南九州上陸作戦）と翌四六年三月発動予定の日本に対する「とどめの作戦」（ロバート・Ｌ・アイケルバーガー米第八軍司令官「東京への血みどろの道」『読売新聞』四九年一二月一日～五〇年二月四日）であるコロネット作戦（関東［相模湾・九十九里］上陸作戦）からなっていた。

四月八日、鈴木貫太郎内閣は「決号作戦準備要綱」を発令、日本本土決戦のための決号作戦が発動された。同日、防衛総司令部が廃止され、本土決戦に備え、天皇（大本営）直属の第一（司令部・東京、司令官 杉山元大将）、第二（司令部・広島、司令官 畑俊六大将）および航空（司令部・東京、司令官 安田武雄中将）の各総軍が新設された。

決号作戦は、地方ごとに決一号（千島・北海道）～決七号（朝鮮半島）の七つの作戦からなっていた。

このうち最も重要視されたのが、関東地方の防衛計画である決三号作戦であった。同作戦の作戦地域は、関東一都六県、長野県（一部除く）、山梨県、新潟県、富士川以東の静岡県とされ、この広大な作戦地域に、第一二方面軍（司令部・東京、司令官 田中静壱大将）直轄部隊と同軍隷下の第三六、第五一、第五二、第五三の各軍と東京湾兵団、東京防衛軍の地上軍部隊九五万が展開することになった。

決三号作戦において、神奈川県・湘南地域を担当することになったのは、赤柴八重蔵中将を軍司令官とする新設の第五三軍（通称、断部隊）であった。

第五三軍は、一九四五年三月下旬東京の共立女学校で編成準備に入り、これと平行して司令部部隊が四月一五日に名古屋において編成を完了、一六日相武臺の陸軍士官学校に移動、南校舎の一部に軍司令部を開設した。司令部部隊の要員は六一二名で、「大部分は、名古屋から来」たが、「東京にいるものはすぐに士官学校のある座間に入」（「第五三軍関係者の証言」『茅ケ崎

市史 現代』2 茅ヶ崎のアメリカ軍）った。

第五三軍の管轄地域は「神奈川県（但し、極楽・川口―北鎌倉―杉田を連ねる線以南の三浦半島・横浜市及び川崎市を除く）、静岡の一部（但し富士川以東の地区）、東京都の一部（浅川及び合流点以東の多摩川以南地区）」（大西比呂志「第五三軍と茅ヶ崎」『茅ヶ崎市史研究』第16号）であり、その隷下には、第八四師団（司令部・小田原）、第一四〇師団（司令部・片瀬）、第三一六師団（司令部・伊勢原）、独立戦車第二旅団（司令部・有馬）、独立混成第一一七旅団（司令部・沼津）などの部隊があった。この他五月には高射砲第一師団の一部も陸士に入り、京浜地区防空の任についた。

六月上旬、第五三軍司令部は士官学校から愛甲郡玉川村（現、厚木市）の玉川国民学校に移った。移動の正確な日付は判然としないが、赤柴司令官の日記（「53A重要日誌」前掲『茅ヶ崎市史 現代』2）の六月一〇日の項に「一度相武台ニ帰リタル後０９００出発」とあり、また同月一三日の項に「重砲ノ陣地ヲ視ル、露天ニテ会食後玉川国民学校ニ帰ル（ママ）」とあることから察して、六月一一日か一二日のことであろう。

陸軍士官学校の終焉

八月一五日、昭和天皇によるポツダム宣言受諾の「玉音」放送が全国に流れ、太平洋戦争は終結した。

終戦時、陸軍士官学校には第五九期生徒と第六〇期生徒が在籍していたが、この時相武臺校舎に在ったのは、第六〇期の特殊兵種の生徒約三〇〇名に過ぎなかった。八月三日以来、第五九期生徒は第二次野営演習に全員が参加、各兵種ごとに西富士、長野県有明、静岡県駒門、新潟県関山、石川県松任など各地に分散しており、第六〇期生徒も相武臺校舎の特殊兵種の生徒以外は長野県田中（通称、県生徒隊）と群馬県六里ヶ原（通称、浅間生徒隊）に在って教育を受けていたからである。

各地に分散していた第五九期生徒の「相武臺」への帰校が始まったのは一六日からであった。そのなかには戦闘編成を整え実包を携帯するもの（西富士演習隊）、教官の説得を振り切って戦車で「相武臺」に向かうもの（有明演習隊）もあった。第五九期生は一八日までに「相武臺」に結集した。一方、第六〇期生は現地で待機することになったが、県生徒隊の二個区隊のみは中隊長引率のもと「相武臺」に帰校した（山崎正男責任編集『保存版　陸軍士官学校』）。

周知の如く、「玉音放送」は終戦、否、敗戦を意味していた。しかし、すべての日本軍将兵が従容（しょうよう）として敗戦を受け入れたわけではなかった。「玉音放送」が発せられてもなお敗戦を潔しとせず、あくまで徹底抗戦をすべきとする将兵が少なからず存在していたのである。

その代表例が、「相武臺」とも近い距離にあった厚木飛行場（高座郡綾瀬村［現、市］、同大和町〔現、市〕）にあった海軍第三〇二航空隊（通称、三〇二空）である。

一九四四年三月に編成された三〇二空は、海軍の精鋭航空部隊であり、終戦までにＢ29など約三〇〇機の米軍機を撃墜・撃破したといわれている。それ故、「玉音放送」に接しても隊員たちの意気はなお軒昂であった。

三〇二空の司令小園安名（こぞのやすな）大佐は、日本全国の海軍所轄長に戦争継続の激励電を発し、さらに厚木基地の総員を集め、「国体護持のため、今後余は戦争継続に反する如何なる上司の命令を拒否し、飽く迄戦争を継続する覚悟なるを以て、全員本職に続け」（大谷敬二郎『昭和憲兵史』）と訓辞した。

小園安名

小園の訓辞終了後三〇二空の将兵は、それぞれの部署において戦闘準備に入り、戦闘機搭乗員は東京上空においてデモンストレーション飛行を敢行した。さらに翌一六日、三〇二空の航空機は、小園が起草した徹底抗戦を訴える伝単（ビラ）「国民諸子ニ告グ」を日本各地に散布した。
八月一七日、厚木飛行場に隣接していた海軍相模野航空隊において、小園に心酔していた近藤進整備兵曹長が同航空隊の指揮権を実力で奪取し、下士官兵をまとめて三〇二空に同調する動きを示した。

そしてこの日、陸士にも三〇二空から使者が訪れ、生徒隊本部付畑中吉政大尉らとの間で打ち合わせが行われた。士官学校内でも徹底抗戦を唱える将校や生徒からなる「主戦派」が生徒隊の主導権を握っており、陸軍航空士官学校や陸軍予科士官学校などからも主戦派将校が「相武臺」に駆けつけた。「相武臺」からも「有志」が各地に赴き、共同決起を促した（前掲『保存版　陸軍士官学校』）。

さて、一七日の三〇二空と陸士「主戦派」の打ち合わせの結果、士官学校生徒隊本部内で抗戦の檄文ビラが印刷されることになった。このビラは三〇二空のオートバイで厚木飛行場に運ばれ、海軍機で各地に散布されたが、散布機の一機には士官学校生徒隊付の池上邦夫少佐も同乗し、檄文を散布した（のちに同機は埼玉県熊谷付近に不時着）（同書）。

「相武臺」と三〇二空の「主戦派」の連携はこれだけではなかった。一八日夜、士官候補生二名が三〇二空に赴き徹底抗戦の意志を確認の上、抗戦を説くため東京陸軍幼年学校に赴いた。一九日には士官学校区隊長の樋口伝雄大尉が三〇二空で陸軍の狭山飛行場を訪問、抗戦を説き（一八日にも士官候補生二名が同所を訪問）、同じく区隊長の吉田武大尉が厚木飛行場から岐阜県の陸軍各務原飛行場に飛び決起を促した（同書）。

八月二〇日、「主戦派」の中心地三〇二空は、海軍軍令部に出仕していた昭和天皇の弟高松宮宣仁親王（大佐）らの説得を容れ、中尉クラスの一部将校を除き、抗戦中止を概ね納得した。同日夜士官学校では「有志」による会合が持たれ、去就を八野井生徒隊長に一任することに決した。

八月二一日、連合国軍受け入れ準備に関する日米交渉のため一九日からマニラの米太平洋陸軍総司令部（兼連合国軍南西太平洋方面司令部）に派遣されていた使節団（団長　河辺虎四郎陸軍中将）が、太平洋陸軍総司令部からの降伏文書、要求事項（のちに「一般命令第一号」の一部となる）を携えて帰国した。

この頃、大本営陸軍部は太平洋陸軍総司令部とも連絡のうえ、「東京湾地区（神奈川県南部地区及ビ千葉県西南部地区トシ、横須賀軍港ヲ含ム）内ノスベテノ軍隊ハ、少数ノ保安要員ヲ残シテ、八月二十三日午後六時マデニ所定ノ地域外ニ移駐スベキコト」（同書）など終戦にともなう具体的処理方針を決めていた。

太平洋陸軍の要求事項のなかには、「第一次撤退地域内の全戦闘部隊」の八月二七日午後六時までの撤退完了も明記されていた（神奈川県警察本部『神奈川県警察史』下巻）。八月二三日早朝、相武臺校舎の士官学校生徒隊各隊は「東京湾地区内ノスベテノ軍隊ハ」「所定ノ地域外ニ移駐スベキコト」という大本営陸軍部の方針どおり、「緊急移駐」の下命に基づき長野県に移動した。

その前日、北野陸軍士官学校長は在校中の生徒を講堂に集め、作戦準備の終結を訓辞した。この日、陸士は書類等の焼却など翌日の移動準備に追われたが、士官候補生一名、学校付きの下士官二名が自決するという悲劇も発生した（その他、候補生一名が自決未遂）。

八月三〇日午後、陸軍士官学校は長野県の「移駐」先において解散式を挙行（浅間生徒隊、県生徒隊はそれぞれ二九日と三〇日午前に既に解散式挙行）、一八七四（明治七）年の開校以来七十一年、一九三七年の「相武臺」移転以来八年の歴史に終止符を打った。そして、陸軍士官学校の終焉は、「軍都相模原」の終焉も意味していた。

二章　米軍、相模原に進駐

米軍によって処分される日本軍戦車　1945 年 10 月
米国国立公文書館蔵

1　米軍戦闘部隊の進駐と第四補充処の開設

〓テンチ先遣隊の到着

一九四五（昭和二〇）年八月一四日、日本は御前会議において「全日本国軍隊ノ無条件降伏」などを定めたポツダム宣言の受諾を決定した。翌一五日、宣言受諾を知らせる昭和天皇の「玉音放送」が日本国中に流れた。

九月二日、東京湾上の米戦艦ミズーリ艦上において、降伏文書調印式が行われ、日本は米、英、オランダ、ソ連などの連合国に降伏した。第二次世界大戦、太平洋戦争、さらには満州事変以来の十五年戦争は、ここに終結したのである。

連合国軍の日本本土への進駐は、文書調印式に先立って開始された。八月二八日台風のため予定より二日遅れて、「先遣隊」として太平洋陸軍のチャールズ・T・テンチ大佐率いる米陸軍の将兵百数十名が厚木飛行場に到着した。

「先遣隊」は、正確には狭義の先遣隊と言うべき調査隊（Reconnaissance Party）と作戦前衛隊（Advance Operations Party）の二隊から構成されていた。調査隊は、連合国軍本隊の受け入れについての詳細を日本側の厚木終戦連絡委員会と協議することが任務であり、また、作戦前衛隊は、連合国軍本隊の到着に備えて飛行場や通信網を整備することが任務であった。

テンチ「先遣隊」の総員は、米軍資料によれば、一七三名（その他に輸送機クルーが二二名）であり、太平洋陸軍司令部の他、戦略空軍、極東空軍、第五航空軍（5th Air Force、のちに日本語の表記は第五空軍となる）等の要員からなっていた（栗田尚弥「資料紹介『テンチ先遣隊』の人員と構成」『綾瀬市史研究』第9号）。

連合国軍本隊の第一陣として想定されていたのは、当時米陸軍第八軍（太平洋陸軍麾下）に直属していた第一一空挺師団（師団長 ジョセフ・M・スウィング少将）と第二七歩兵師団（師団長 ジョージ・W・グリナー少将）であった（のちに両師団とも第八軍麾下の第一四軍団麾下となる）。

第一一空挺師団は、師団司令部および第一八七、第一八八、第五一一の三つのパラシュート歩兵連隊と師団砲兵隊、第一二七工兵大隊等から構成されており、第二七歩兵師団は、師団司令部と第一〇五、第一〇六、第一六五の三つの歩兵連隊と第二七騎兵偵察中隊等から構成されていた。第一一空挺師団は、レイテ島とルソン島の攻略戦に参加し、八月中旬沖縄に移動した。また、第二七歩兵師団は、マキン・タラワ環礁とサイパン島の攻略戦に参加、その後フィリピンに移動し四五年四月に沖縄に移動、沖縄戦に参加した。

姿を現した第一一空挺師団

八月二九日、連合国軍本隊の第一陣第一一空挺師団麾下の第一八八パラシュート歩兵連隊の一部が、嘉手納（かでな）飛行場から厚木飛行場への移動を開始、翌三〇日未明からは師団全体の本格的移動が始まり、九月七日まで八日にわたって兵員一万一七〇八名、車輌約六〇〇台が厚木飛行場に移動した（栗田尚弥「資料紹介　第一一空挺師団と第二七歩兵師団の進駐・展開計画―野戦命令第三四号と野戦命令第八二号―」『綾瀬市史研究』第10号）。

なお、後述するように、第一一空挺師団とともに連合国軍本隊の第一陣に想定されていた第二七歩兵師団は、沖縄での移動準備に時間がかかり、九月になってから移動を開始した。

八月三〇日、午後二時過ぎ、連合国軍最高司令官兼太平洋陸軍最高司令官ダグラス・マッカーサー元帥が、愛機C54バターン号で厚木飛行場に到着した。

マッカーサーは、第一八八パラシュート歩兵連隊儀仗（ぎじょう）中隊による栄誉礼を受けた後、午後二時二五分、リチャード・K・サザーランド参謀長ら幕僚及びロバート・L・アイケルバーガー第八軍司令官ら第八軍首脳とともに、第一八八パラシュート歩兵連隊第三大隊及び選抜中隊の将兵約一二〇〇名に護衛され横浜に前進、宿舎である山下公園前のホテルニューグランドに入り（九月二日山手のマイヤー邸に移動）、宿舎近くの横浜税関ビルに太平洋陸軍総司令部と連合国軍最高司令官前方梯団オフィスを開設した。

第11空挺師団の栄誉礼を受けるマッカーサー　1945年8月　米国国立公文書館蔵

その後、太平洋陸軍総司令部と前方梯団オフィスは九月一七日にマッカーサーとともに東京日比谷の第一生命ビルに移動、横浜税関ビルには第八軍司令部が置かれることになった（九月二一日）。

一〇月二日、前方梯団オフィスは連合国軍最高司令官総司令部（GHQ／SCAP、一般にはGHQと通称される）へと発展的解消を遂げる。GHQの主要幕僚は太平洋陸軍総司令部の幕僚が兼務した。

マッカーサーの横浜進駐と平行するように第一一空挺師団司令部も横浜に移動、同師団麾下の部隊も相模川以東の神奈川県下各地への展開を開始した。

八月三〇日には米海兵第四連隊も横須賀の日本海軍基地に上陸しており、この日以後米陸軍第八軍を主力とする連合国軍すなわち占領軍部隊は、主として神奈川県を起点として次々と東日本各地に進駐・展開することになる。そして、陸軍士官学校をはじめ多くの軍事施設を抱えていた相模原町にも第一一空挺師団麾下の第一八七パラシュート歩兵連隊が姿を現すことになった。

他の第一一空挺師団麾下の部隊と異なり、第一八七パラシュート歩兵連隊は、マッカーサーの横浜移動後も厚木飛行場にとどまり、同飛行場の安全確保と後続進駐部隊のための支援活動に従事した。

また、治安維持のため飛行場を拠点として、「厚木から茅ヶ崎にかけてのパトロール」（同）に従事した。現在の座間市域を含む相模原町も同連隊のパトロール範囲に含まれており、同連隊は陸軍士官学校をはじめ、相模陸軍造兵廠、陸軍兵器学校など相模原町域内にあったほとんどすべての軍施設や軍需施設に対するパトロールを実施した（連合国軍最高司令官／米太平洋陸軍司令部「G‐3状況日報」、原英文、米国国立公文書館蔵）。

元相原村の村長で、明治一〇年代から昭和三〇年代の長きに亘る日記を残した相澤菊太郎は、このパトロールについて「（九月三日）十時頃表通リ門前ヲ米兵四名小形自動車ニテ北進スルヲ初メテ見タリ」（「相澤菊太郎日記」『相模原市史』現代資料編）と記している。また、「相澤日記」の同じ九月三日の項には、相澤の知人である「中安氏」が、「昨夜米兵ト廠内（相模陸軍造兵廠―引用者注）デ会見」した旨が記されており、米軍（第一八七パラシュート歩兵連隊）側と日本側の間で何らかの交渉が行われたことを窺わせる。

もっとも、第一八七パラシュート歩兵連隊の管轄下に入ったとはいっても、相模原町内に同連隊麾下の部隊が本格的に進駐したわけではない。第一八七連隊の本隊は厚木飛行場に駐屯しながら、治安維持のためのパトロールや日本軍施設調査のために時折相模原を訪れ、また同連隊麾下の小部隊が、ごく短期間警備のために士官学校等に駐屯しただけであった。

なお、座間警察署・座間町警部派出所の「警察沿革史」には、「厚木飛行場に到着したる米軍部隊」が八月二九日に陸軍士官学校に「進駐」した、と記されているが（『座間市史』4近現代資料編2）、「沿革史」は一九五一年に書かれたものであり、進駐開始当初の米軍に関する記載は必ずしも正確とは言い難いものがある。

もし、「沿革史」の記載が正しいとするならば、その部隊は前日厚木飛行場に到着した連合国軍「先遣隊」の一部であり、大部隊進駐に備えての事前交渉のための小部隊の「進駐」であったと考えられる。

第一騎兵師団相模原に進駐

最初に相模原を正式に駐屯地とした米軍部隊は、第八軍第一一軍団麾下の第一騎兵師団（師

団長 ウィリアム・C・チェース少将）であった。

第一騎兵師団は、太平洋方面での米軍の最精鋭部隊であり、「マッカーサーのペット」という異名をとっていた。騎兵師団とは言っても、第一騎兵師団は、M4シャーマン戦車、装甲車やカーゴ・トラック（軍用トラック）、ジープなどの車輌や一五五ミリ砲などの大口径砲を多数装備した事実上の機甲師団（旧ソ連軍の自動車化狙撃師団に近い）である。

八月二五日、第一騎兵師団はフィリピンのルソン島を離れ、九月二日横浜港に到着した。翌三日には第八騎兵連隊（第二騎兵旅団麾下）を横浜に残し、北部への移動を開始、同日のうちに第一騎兵旅団麾下の第一二騎兵連隊が東京都の三多摩地方に進駐、連隊本部を立川陸軍飛行場に置き、立川市周辺の飛行場五ヶ所を確保した。

その他の師団麾下部隊および師団司令部も、同日集結地に指定された相模原町の陸軍士官学校への進駐を開始し、同日中に士官学校内に司令部が開設された。士官学校への進駐は、一部の部隊を除いて四日午前一〇時までにほぼ終了した。

その後一旦士官学校に集結した師団麾下の部隊は、師団司令部と第二騎兵旅団を士官学校内に残して、相模原町内の日本軍施設に展開、進駐し（以下、相模原町への米軍部隊の進駐は図3も参照のこと）、九月六日（もしくは五日）、日本軍から正式に相模原町内日本軍施設の管理・警備業務を引き継いだ。

図3　連合国家（米軍）部隊の相模原への進駐状況（1945 年 9 月）

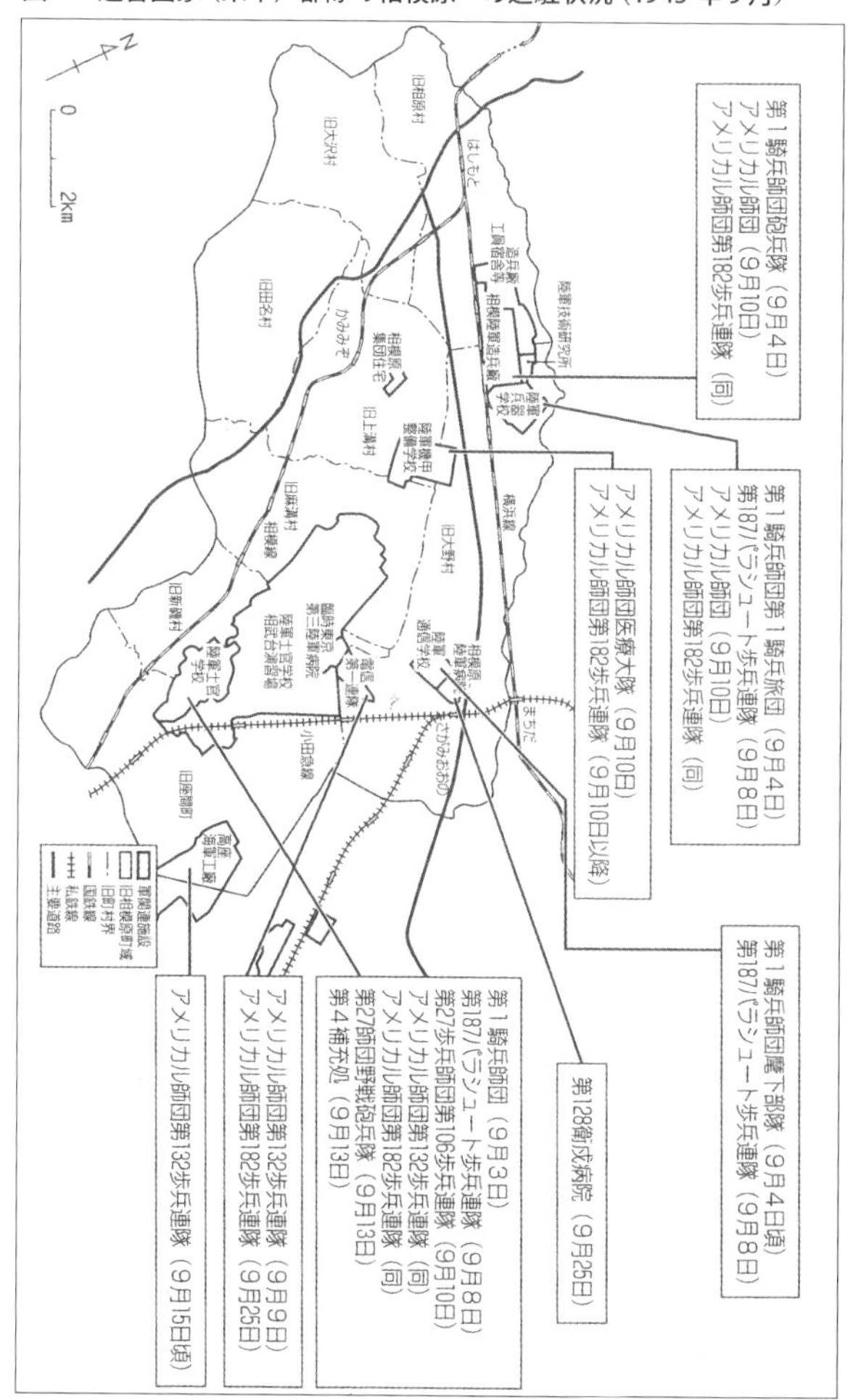

出典：米国国立公文書館に所蔵されている米陸軍各部隊の部隊史等により作成。
『相模原市史』現代通史編より転載

ちなみに、神奈川県基地対策課発行の『神奈川県の米軍基地』（各年版）など官公庁の出版物には、相模原市内や神奈川県内の旧日本軍施設（陸軍士官学校、相模陸軍造兵廠等）の接収日を九月二日としているものが多いが、九月二日は連合国軍側から各施設に対する「調達要求書」（JPN-R、たとえば陸軍士官学校は「調達要求書第四四八一号」）が出された日であり、「九月二日接収」というのはあくまで書類上のことに過ぎない。

実際の進駐や接収は、九月二日以降というケースがほとんどであり、場合によっては厚木飛行場のように九月二日以前に事実上接収されているケースもある。

なお、第八軍の日本での活動をまとめた『米第八軍日本占領モノグラフ』Ⅲ（原英文、米国国立公文書館蔵）によれば、同師団の宿舎として士官学校周辺の「民家」も使用された旨が記されている（この『日本占領モノグラフ』など米軍の記録には、進駐先としてHaramachida［原町田］の地名がしばしば登場するが、これは米軍が鉄路を利用して移動する場合、横浜線原町田（現、町田）駅を乗車・下車駅として利用することが多かったためで、米軍記録中にHaramachidaと記されてはいても、実際の進駐先の多くは陸軍士官学校など相模原町の日本軍施設であった）。

第一騎兵師団は、相模原が迎え入れた最初の駐屯部隊であったが、間もなく東京に移動する。九月五日には、はやくも偵察隊が東京区部に入り、師団本隊の宿営地を確保、八日には、相模陸軍造兵廠の師団砲兵隊のみを残し、チェース師団長以下師団本隊が東京区部への移動を開始し、同日中に入城、明治神宮に隣接した代々木練兵場に師団司令部を開設した（正式には一〇日）。一三日、さらに司令部は埼玉県朝霞の予科士官学校跡地に移動した。

相模原に残った師団砲兵隊も、一九日にはアメリカル師団第一八二歩兵連隊（後述）と交代し、東京に移動した。なお、立川の第一二騎兵連隊は、師団本隊の移動後も九月一一日まで相模原町周辺のパトロールも実施している。

第二七歩兵師団とアメリカル師団

第一騎兵師団が移動した後の日本軍施設の管理や警備は、第一八七パラシュート歩兵連隊麾下の部隊が引き受けることになった。だが、同連隊は他の第一一空挺師団麾下の部隊及び同師団司令部とともに、九月中旬には東北地方に移動することになった。そしてその後は、第二七歩兵師団とアメリカル師団（師団長 ウィリアム・H・アーノルド少将）によって引き受けられることになった。

先述したように第二七歩兵師団は、一九四五年四月にフィリピンから沖縄に移動、今度は沖縄戦に参加、終戦を迎えていた。

当初、第二七歩兵師団は、第一一空挺師団の移動終了後直ちに厚木飛行場に移動するはずで

士官学校内で日本軍兵器を調査する第 27 歩兵師団の兵士　1945 年 9 月　米国国立公文書館蔵

あったが、移動準備がととのわず、師団の先遣隊が厚木飛行場に到着したのは、九月六日のことであった。翌七日から師団本隊の移動が開始され、同日午前七時三〇分には平塚に師団司令部が開設された。

第二七歩兵師団は、平塚―海老名―相模原を結ぶライン以西（神奈川県西部）と八王子周辺を管轄範囲とし、そこに、三つの歩兵連隊など麾下部隊が展開した。このうち、相模原に連隊本部を置いたのは、第一〇六歩兵連隊であった。

第一〇六歩兵連隊は、九月九日に嘉手納飛行場から厚木飛行場への移動を開始（～一一日）、翌一〇日には陸軍士官学校に進駐し、連隊本部を開設した。同日アメリカル師団第一八二歩兵連隊（後述）とともに、第一八七パラシュート歩兵連隊から同地の管理・警備業務を引き継ぎ、士官学校内の武器や備品の接収に従事した。

なお、第一〇六歩兵連隊の他、一三日に厚木飛行場に到着した第二七師団野戦砲兵隊（本部・小田原）の一部も士官学校に進駐している。

第一〇六連隊は士官学校での（そして相模原市内での）接収業務を本格的に始めた最初の部隊であったが、九月下旬第二七師団が新潟、福島方面へ移動することになると、同連隊も新潟県村松町（現、五泉市、二五日連隊本部開設）と三条市に移駐した。

第一〇六歩兵連隊より一日早く相模原に進駐したのが、アメリカル師団である。第一三二、第一六四、第一八二の三つの歩兵連隊を基幹とするアメリカル師団は、師団番号が付いていない唯一の米軍師団で、師団名は二つの地名、アメリカとニューカレドニアに由来し、黒人兵の比率が高かったと言われている。

同師団は四二年一〇月、ガダルカナル島の戦闘に参加、その後はソロモン島のブーゲンビル島、フィリピンのセブ島やミンダナオ島での戦闘に参加した。

九月八日、アメリカル師団は横浜港に到着、横浜にとどまりその地の警備にあたる第五三一憲兵大隊、師団砲兵隊等師団直轄部隊を除き、他はその日のうちに駐屯予定地への移動準備を開始した。

師団のうち相模原への進駐を予定されていたのは、師団司令部（陸軍兵器学校、要員は相模陸軍造兵廠にも）と第一八二歩兵連隊（陸軍兵器学校および相模陸軍造兵廠、本部は兵器学校）、第一三二歩兵連隊（電信第一連隊跡地）、師団医療大隊本部（陸軍機甲整備学校）等である。相模原には、アメリカル師団の主力が配置されることになったのである。

九日一二時、第一八二歩兵連隊先遣隊が横浜を出発、相模原に入り、駐屯予定地の調査にあたった。同日夕方には、第一三二歩兵連隊が電信第一連隊跡地に入り、連隊本部を開設、さらに日時は不明（一五日頃か）であるが、相模原町の座間地区と大和町にまたがる高座海軍工廠にも連隊麾下の中隊が入った。

翌一〇日には、師団司令部要員、第一八二歩兵連隊本隊、師団医療大隊がそれぞれの駐屯予定地に入り（陸軍機甲整備学校跡地は、師団医療大隊の他第一八二歩兵連隊の宿舎としても使用された）、陸軍兵器学校に師団司令部が開設された（書類上は九日）。同日、第一八二歩兵連隊と第一三二歩兵連隊（主として第一八二歩兵連隊）は、日本軍施設の管理・警備業務を第一八七パラシュート歩兵連隊から引き継いだ。

このうち陸軍士官学校については、先述した如く第一〇六歩兵連隊と共同で警備や武器・軍需品の接収等の業務にあたることになった。

なお、後述するように、士官学校には、第八軍第四補充処が開設され、二五日には相模原陸軍病院に米陸軍第一一八衛戍病院（Station Hospital）が開設されるが、それらの警備を最初に担当することになったのも第一三二歩兵連隊（第四補充処、九月中に第一八二歩兵連隊に交代）と第一八二歩兵連隊（第一一八衛戍病院）であった。

一四日、アメリカル師団は第一一空挺師団の神奈川県の管轄範囲を引き継ぐことになり、厚木飛行場の警備も第一八二歩兵連隊の担当となった。二五日には第二七歩兵師団の管轄区域がアメリカル師団に移され、士官学校跡地の管理・警備は第一八二歩兵連隊が単独で行うことになった。同日、第一三二歩兵連隊が相模原から平塚に移動したため、相模原周辺の警備、管理、接収等の業務はすべて第一八二歩兵連隊の担当となった（ただし、第四補充処、第一二八衛戍病院、厚木飛行場は警備のみ）。

日本軍の兵器を調査するアメリカル師団の将校
1945年9月　米国国立公文書館蔵

同連隊は相模原周辺のみならず、八王子―厚木飛行場―高座郡北部―足柄地方、を管轄範囲とし、軍施設のみならず軍需工場や駅、橋なども警備対象とし、数名から一個中隊レベルの兵員を配置した。また数名から十数名からなるジープ・パトロール隊を組織し、自己の管轄範囲を巡回した。

四五年一一月、アメリカル師団は米本国に帰還、それに先だって同師団の管轄は第一騎兵師団に引き継がれ、アメリカル師団麾下部隊の管轄と業務は、原則として第一騎兵師団麾下の部隊に引き継がれた。

第一八二歩兵連隊も一〇月二七日に兵器学校の連隊本

部を閉じ、代わって第五騎兵連隊が相模陸軍造兵廠に連隊本部を開設した。第一八二歩兵連隊の管轄と業務は一〇月三〇日付で第五騎兵連隊に引き継がれた。

この第五騎兵連隊も四六年一一月一五日までに横須賀市長井に移動、以後四九年夏に第七〇対空砲兵群司令部が配置されるまで、相模原・座間地区には連隊本部以上の戦闘部隊司令部（本部）が置かれることはなく、また大規模戦闘部隊が長期駐留することもなかった。

第四補充処の開設

相模原町に進駐したのは、第一騎兵師団やアメリカル師団等の戦闘部隊だけではなかった。九月一三日、第八軍麾下の第四補充処が陸軍士官学校跡地に開設された（同月三日レイテ島発）。補充処（Replacement Depot）とは、兵員補充業務と兵員の帰還業務を主として担当する機関であり、日本語では補充廠、補充本部、兵站廠などさまざまな訳語が充てられる。

なお、前述の『神奈川県の米軍基地』（各年版）には、「米陸軍が（士官学校跡地を）接収し、同月五日、第一騎兵師団第四兵站廠となった」とあるが、第四補充処は第八軍麾下の補充処であり、第一騎兵師団麾下の組織ではない。また、開設日も五日ではなく一三日である（米軍の正式記録である「第四補充処沿革最終報告書」〔前掲『相模原市史』現代資料編〕による）。

ここで、第四補充処の業務を少し具体的に見ておこう。

図４　第四補充処組織図

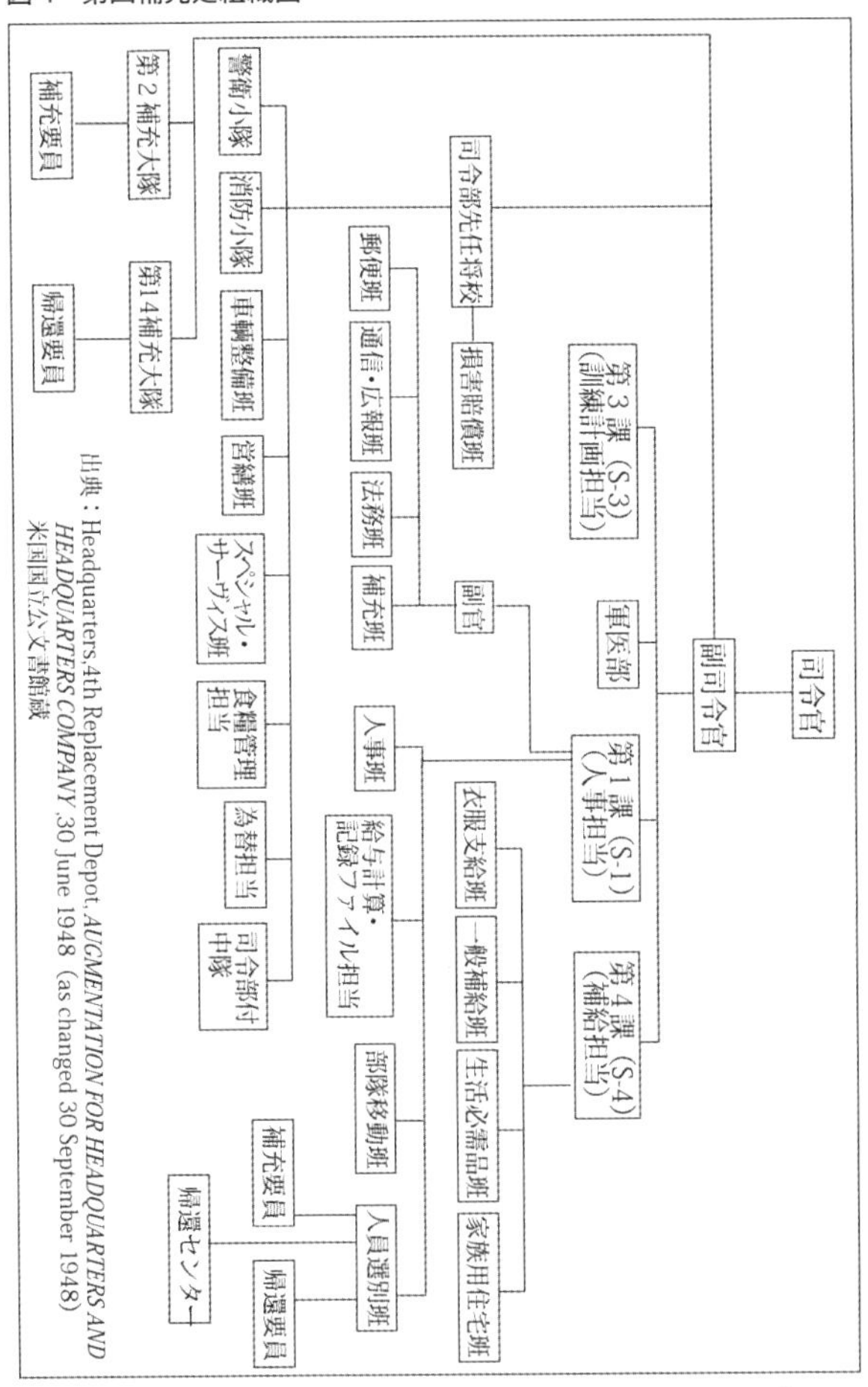

出典：Headquarters,4th Replacement Depot, *AUGMENTATION FOR HEADQUARTERS AND HEADQUARTERS COMPANY*,30 June 1948（as changed 30 September 1948）
米国国立公文書館蔵

注：本表中には第２課（S-2）についての記載がないが、これは原資料中にS-2についての記載がないためである。

陸軍士官学校跡地が、正式にキャンプ座間（Camp Zama）となる一九四八（昭和二三）年に、第四補充処司令部がまとめた、「第四補充処司令部・司令部付中隊の組織拡大」（原英文、米国国立公文書館蔵）には、第四補充処の任務として、

a　キャンプ座間を維持する部隊としての基地業務
b　日本国内の第八軍および米極東軍（FEC、太平洋陸軍の後身）司令部管内の全補充要員の選別および割り振り手続き
c　再入隊のため補充処に送られてきた、戦域内下士官兵要員の再入隊手続き
d　日本国内の全帰還兵員の帰還準備を行う帰還センターとしての業務
e　兵役満期となった兵員の軍属あるいは現役将校としての任用、正規軍への再入隊を審査する選別所（separation point）としての業務

の五項目が挙げられている。

このほか、日本占領開始時、第四補充処は東日本に展開する、あるいは逆に東日本から米本国に帰還する米軍部隊の集結地となった。たとえば、四五年九月に埼玉県熊谷近郊の三尻（御稜威ケ原）陸軍飛行場に進駐した第四三歩兵師団は、一旦第四補充処に集結し、態勢を整えた

後同飛行場に移動していている。

第四補充処のほか、四五年九月二五日には、陸軍第一二八衛戍病院が、日本陸軍の相模原陸軍病院を接収、五〇年まで米軍医療ステーションとしての役割を担った。

また、陸軍機甲整備学校の跡地には、四六年一月頃、第一六八九野戦工兵大隊が入り、その後四九年頃まで第八軍の車輌整備学校や兵器学校が置かれた。

進駐直後の米兵犯罪

次節で詳述するが、日本本土に第一歩をしるした米軍将兵は、「巨大なわな」を警戒しつつ、神奈川県下に進駐した。

他方、進駐される側である日本国民（神奈川県民）の不安もまた尋常一様なものではなかった。神奈川県や市町村当局、地域のリーダーたちは占領軍（米軍）に対する人々の不安を一掃することに尽力せねばならなかった。一九四五（昭和二〇）年八月二四日（頃）神奈川県は、「（進駐は）平和的になされるので、暴行、略奪等万無きものと信ぜられますから皆様は平常通り安心して生活して居て下さい」「従来通り警察憲兵が治安の取締りに当つて居りますから決して心配する必要はありません」（『綾瀬市史』4　資料編現代）とする「回覧板」を県下市町村に配布、市町村は町内会、隣組等を通じてこれを地域住民に回覧した。

その実、県も市町村も占領軍兵士による住民に対する不法行為を懸念していた。たとえば、相模原町役場は、九月中旬「相模原町内ニ駐留スル聯合軍ハ近ク外出ヲ許可サレマスノデ、一般町民ト種々ナル接触ガ起ルノ思ヒマスカラ、オ互ヒニ次ノ諸点ニ充分注意シテ不慮ノ危害ヲ予防シマセウ」とする文書を同町内に回覧している（前掲『相模原市史』現代資料編）。ちなみに「次ノ諸点」は、「暴行ヲシタリ物ヲ強奪スル様ナコトヲスレバ厳重ニ処分サレルコトニナッテ居リマスノデ、左様ナ素振ガ見エタラ断然立入ヲ拒絶スルコト」など八項目であった。

このような不安は、敗戦と占領軍の進駐という未曾有の事態のなかで、戦時中の「鬼畜米英」のイメージが増幅された結果であると想像されるが、米兵の秩序は、日本側当局者が予想したほどには悪くはなかった。たとえば、米軍の県下各地への進駐の際、沿道の警備にあたった日本軍第五三軍の電信は、「一般ニ治安、状況平穏ニシテ特報スベキ事項ナシ」（横浜市総務局市史編集室『横浜市史Ⅱ』第二巻上）と報告している。

だが、戦場から直行した兵士のなかには明らかに占領軍意識で行動するものもあった。四六年一月末までに神奈川県下で発生した米兵の犯罪は、県警察部が把握しただけで、殺人一〇件、強姦五八件、金銭強取七二〇件、物品強取八一七件、傷害六七件、暴行三五件、警察官武器奪取七一件など計一九〇〇件（未遂を含む）に及んでいる。

相模原町でも進駐直後、陸軍相模造兵廠において、第一騎兵師団かアメリカル師団の兵士によるものと思われる工業用ダイヤモンド窃盗事件が発生、さらに数日後には、パラシュート用の布地を保管していた町内の織物工場倉庫において、第一一空挺師団の兵士による大規模な略奪事件が発生するなど、米兵がらみの犯罪が少なからず発生した（前掲『相模原市史』現代通史編）。

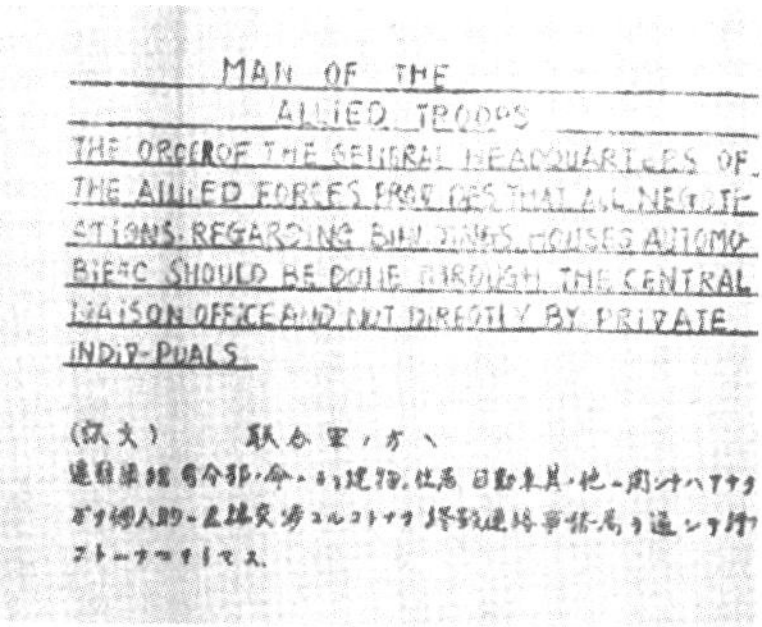

「聯合軍ノ方へ」1945年　相模原市立博物館蔵

これら米兵による犯罪は、米軍憲兵と日本の警察が協力して対処することになっていたが、実際にはいわゆる泣き寝入りのケースが多く、神奈川県全体でも検挙までいたった例は四六年一月末までで四一件に過ぎなかった。この点について先の相模原町の回覧も、「横浜、横須賀等デハ可成リ多クノ事故ガ起ツタ様デスガ、一部ノ被害者ハ泣寝入シタタメニ犯罪捜査ガ出来ズ、其ノタメニ尚米兵ノ不法事件多クシタ様ナ嫌（ママ）モアリマシタ」と記している。

この占領軍兵士による不法行為のなかには、言葉や文化の相違からくるトラブルに端を発する例が少なからずあった。

相模原町ではこのようなトラブルを避けるため、「進駐軍総司令部ノ命ニヨリ建物、住居、自動車其ノ他ニ関シテハ、アナタガタ個人的ニ直接交渉スルコトナク終戦連絡事務局ヲ通シテ行フコトニナッテイマス」という内容の「英文ノ紙片」MAN OF THE ALLiED TROOPS（「聯合軍ノ方へ」）を米兵に示すよう指導し、さらに四五年一一月には、「当町ハ進駐軍トノ接触多ク特ニ相互間ニ於ケル言語不通或ハ感情的原因ニ依リテ図ラザル齟齬誤解等ヲ招来スル虞ナシトセズ」という相模原の現状を考慮して、「関係営造物」や「道路上必要ナル箇所」等に英文表記による「営造物名称」や「道路指示票」を掲げることになった（前掲『相模原市史』現代通史編及び現代資料編）。

2　戦闘を前提としての進駐

継続的戦闘準備態勢

では、相模原に進駐した米軍部隊は、進駐に先だっていかなる進駐計画を立てていたのであろうか。第一騎兵師団の場合を見てみよう。

同師団の一九四五年八月二三日付の「野戦命令第三四号」（前掲『相模原市史』現代資料編）によれば、同師団は、九月一日に相模湾に上陸し、横浜市港北区川和（現、都筑区川和町他）

から「原町田」（相模原のこと）にかけての「集合地域」（相模原の軍施設）に移動し、そこにおいて「北東方面への進行のための準備を行う」とされた。実際の上陸地点・日時に相違はあるものの、上陸後の同師団の相模原への進駐や「北東方面」（東京、朝霞）への移動準備は、ほぼ「野戦命令第三四号」通りに行われたと言ってよい。

しかし、「野戦命令第三四号」は、第一騎兵師団が直ちに東京に移動することを想定していなかった。たとえば、師団麾下の第一騎兵旅団は、相模原到着後「原町田（相模原―引用者注）の扇形戦闘地区に通ずるすべての道路上に特に注意を払って道路障害を築き、集合地域に侵入しようとするあるいは地区を孤立させようとする日本軍民のあらゆる動きを阻止」することになっていた。

また、第二騎兵旅団は、同じ目的から横浜方面の道路上に障害を築くとされた。さらに、師団砲兵隊も、大和町（現、市）下鶴間および相模原町上鶴間南方から陸軍士官学校に通ずる道路上に障害を築くものとされた。

第一騎兵師団の「野戦命令第三四号」は、東京への移動準備のみならず、陸軍士官学校の安全確保をも師団の使命として明記していたのである。

次に、アメリカル師団の進駐計画である、八月二八日付の「野戦命令第六号」（同書）を見てみよう。

「野戦命令第六号」によると、アメリカル師団の任務は、相模湾への上陸後、「北方ないし北東への前進の準備地である」相模原地域に移動、「集結」し、さらに「第一一軍団司令官より指定される予定の地域を占領する」ことにあった。第一騎兵師団の場合同様、アメリカル師団の相模原への進駐もほぼ「野戦命令」どおりに実施された。しかし、「野戦命令第六号」では、「いかなる隊員も（任務以外で）宿営地を離れることは認めら」れず、「宿営地の外部ではいかなるときも武装すること」が義務づけられていた（実

マッカーサーとアイケルバーガー　1945年８月　米国国立公文書館蔵

際には、進駐後、特に休日には多くの兵士が武装なしで宿営地を離れた）。

要するに、「野戦命令第六号」は、「（アメリカル師団麾下の）すべての部隊」を「継続的戦闘準備態勢」＝臨戦態勢に置いた進駐計画書だったのである。そして、第一騎兵師団の「野戦命令第三四号」も、同様に師団麾下の部隊を臨戦態勢に置いた進駐計画書であった。

連合国軍（米軍）の日本本土進駐は、太平洋陸軍作成のブラックリスト作戦に基づいて実施された。ブラックリスト作戦は、日本本土上陸作戦（ダウンフォール作戦）が実施される以前に日本政府と大本営が突然崩壊するか降伏した場合を想定しての本土進駐計画であった。

しかし、米軍は、アイケルバーガー第八軍司令官が言うとおり「日本への平和的進入の可能性を予想していなかった」（前掲「東京への血みどろの道」）のである。「決して屈せず死力を尽くすという日本兵の戦い振りを戦場で見てきた」米軍兵士には、「日本軍が何らの抵抗も示すことなく、〝夷狄〟どもに神聖な国土を蹂躙させるなどということは、およそ信じ難いことであった」（「第一騎兵師団占領日誌」前掲『茅ヶ崎市史 現代』2）のである。

そして、ブラックリスト作戦やこれに基づく米軍各部隊の進駐計画は、降伏に反対する日本軍民の抵抗を予想して立てられ、部隊は「直ちに戦闘態勢に入れる準備」（前掲「資料紹介 第一一空挺師団と第二七歩兵師団の進駐・展開計画」）をして、日本本土に進駐することになったのである。

もし、日本軍民との戦闘が現実のものとなった場合には、陸軍士官学校をはじめとする相模原の日本軍施設は、東日本の日本軍を〈掃討〉するための米軍前進基地になる可能性を持っていたのである。

直接軍政の可能性

通常、戦闘が継続されている場合、占領地域においては軍による軍政（直接軍政）＝軍による占領地の直接管理・監督（民事管理）が実施される。

たとえば、第二次大戦中の一九四三年に作成された『米国陸海軍　軍政／民事マニュアル』には、「通常、軍政はその地域が占領軍の管理下に入りしだい戦闘地域で開始される。必然的に前線地区の軍政機構は、軍事的状況に適合するよう最重要の要素に限定される。――中略――住民の管理はしばしば軍隊によって直接なされることになる」（竹前栄治・尾崎毅訳）と、戦闘地域においては直接軍政が施行される旨が記されている。

実際、先述のダウンフォール作戦においては、日本上陸後の占領地域における直接軍政が想定されていた。

日本のポツダム宣言受諾により、ダウンフォール作戦は中止となり、日本の占領統治においては直接軍政ではなく、連合国軍最高司令官が天皇および日本政府を通じてその権限を行使する間接統治方式を原則とすることが、米本国の意向となった。

一九四五（昭和二〇）年八月二二日、国務・陸軍・海軍三省調整委員会（ＳＷＮＣＣ）の陸軍省代表ジョン・マックロイによって、間接統治を原則とした文書ＳＷＮＣＣ-１５０／３が作成され、同日同文書はマッカーサーにガイダンス（指針）として示された。

これを受けて太平洋陸軍総司令部は、八月一五日付の具体的日本占領指令である「作戦指令第四号」に、日本統治は間接統治を原則とする旨を明記した「付属文書第八号（軍政）」を新たに付け加えた。

しかし、先述した如くマッカーサー以下米軍将兵は、日本本土への平和的進駐をほとんど予測していなかった。ブラックリスト作戦が降伏に反対する日本軍民との戦闘を想定した進駐計画であったことはすでに述べた。米軍将兵にとって、日本本土への進駐は太平洋戦線での戦闘の延長線上にあったのである。

日本政府が降伏したとはいえ、日本本土への進駐は、紛れもなく「戦闘地域」への進駐であった。「戦闘地域」への進駐であれば、当然そこでは軍政が必要となる。実は先の「付属文書第八号（軍政）」も、「占領軍は最高司令官の指令に対する日本帝国政府の服従を確保するために、必要とされる場合には、最高司令官の代理人として第一に行動することができる」と、「必要とされる場合」における直接軍政の可能性を明記していた。

そして、降伏に反対する日本軍民による連合国軍（米軍）への抵抗が予想される日本本土への進駐は、まさに直接軍政が「必要とされる場合」だったのである。

ちなみに日本降伏後の八月三一日にSWNCCで承認され、九月六日にトルーマン大統領の承認を得たうえで、マッカーサーに伝えられた、SWNCC－150／3の修正版SWNCC－150／4にも、必要な場合には、連合国軍最高司令官が、「直接行動をとる」ことが出来るとされていた。

また、一一月一日に統合参謀本部からマッカーサーに対して出された「初期の基本指令」（J

CS-1380／15）は、「(連合国軍最高司令官は)直接軍政を樹立しない」としていたが、同月二九日に出された「付属文書第八号（軍政）」の改訂版は、あらめて「(最高司令官は)日本政府が効果的に活動し得ない場合や失敗した場合には、直接行動をとりうる権限を有する」と記していた。連合国軍による日本統治は、あくまで条件付の間接統治であった。

相模原で直接軍政か

日本本土での日本軍民との戦闘の可能性を前提として策定されたものである以上、ブラックリスト作戦もまた直接軍政の可能性を含んだ作戦計画であり、太平洋陸軍総司令官（マッカーサー）麾下の各級戦闘部隊の司令官は、太平洋陸軍総司令官の名のもとに自己の管轄地域内において軍政を施行するとされた。

そして、この規定に基づき太平洋陸軍の師団以上の各戦闘部隊司令部は、日本本土進駐に先立ち、管轄地域における直接軍政プランを作成した。もちろん相模原に司令部を置いた第一騎兵師団、第二七歩兵師団、アメリカル師団も例外ではない。

これらの師団には軍政を担当する部局としてG-5（もしくは軍政部）が置かれ、G-5には、主任軍政官（G-5部長、軍政部長）の他、法務、公安、労働、商工、医療、民生・民間食糧、補給、技術、公衆衛生・廃品整理の各担当官が配置された。また、師団麾下の連隊レベルの部隊にも師団G‐5にならった軍政組織が置かれた（栗田尚弥「〈戦時軍政〉から〈戦後軍政〉へ―関東地方における初期軍政部隊の組織と活動―」同編『地域と占領―首都とその周辺―』）。
では、米軍はその管轄地域において具体的に如何なる軍政を考えていたのであろうか。アメリカル師団の「管理命令第三号付属文書第二号 軍政計画」（原英文、米国国立公文書館蔵）で見てみよう。

「軍政計画」は、まず、天皇および日本政府の権限は完全にマッカーサーの管理下に置かれるということを大前提としたうえで、それぞれの部隊がその管轄範囲で軍政を施行する旨を明らかにし、軍政の目的が、「（米国の）国策を遂行することを助け、（日本国内の）秩序を維持し、反抗や敵対的行動を抑制し、連合国にとって満足のゆく文民政府を（日本に）樹立することにある」としていた。

そして具体的な軍政事項として、「検察庁の監視と管理、裁判官・裁判所長の監視と管理、裁判への介入」「軍政にとって不利となる弁護士・弁護士会の一時的活動停止」、「集会の管理」、「検閲」、「民間武器の回収」、「B円（米軍軍票―引用者注）の流通」、「銀行の閉鎖と管理」、「証券取引所の閉鎖」、「占領開始当初における全学校の閉鎖」、「教科審査と教員審査」、「鉄道、運河、港湾、河川、灯台、道路、橋梁、バス、トラック、路面電車、ガス、電気、水道、灌漑など公共事業に対する監視的管理」、「ラジオ放送の中止」などを掲げ、さらに、「軍政部の布告・

法令・命令に違反した市民」に対する軍事委員会や軍法会議の適用、夜間の外出禁止やその違反者に対する発砲処置なども盛り込んでいた。

結果論からすると、この「軍政計画」は計画だけで終わったが、実行に移される可能性も大であった。たとえば、「部外秘」とされたアメリカル師団の四五年一〇月一八日付の「緊急行動計画」(『相模原市史』現代資料編)は、日本軍民による「米国軍隊に対する攻撃が発生する可能性はある」とし、「非常事態」発生の可能性がある場合には、同師団は「必要な行動をとる」としている。ここに言う「必要な行動」とは、もちろん直接軍政に他ならない。

四五年九月下旬以降、アメリカル師団は、神奈川県全域(米海軍の管轄区域となった横須賀の中心部・港湾部を除く)、山梨全県、東京の三多摩地区、さらには埼玉県の一部という、一都三県にわたる広大な地域を管轄範囲としていた。米軍進駐後の日本国内の状況如何によっては、相模原町は、右地域で実施される直接軍政の中心地となっていたのである。

三章　占領政策の転換と
キャンプ座間の誕生

キャンプ座間の劇場となった旧陸軍士官学校講堂　小林光男氏提供

1　ジョージ・ケナンの登場と占領政策の転換

マッカーサーの早期撤兵論

一九四七（昭和二二）年二月二〇日マッカーサー連合国軍最高司令官は、陸軍省宛の電文のなかで、「日本は現在すでに民主的な統治形式によって治められており、国民はその実体を吸収しつつある」と述べ、「歴史は軍事占領というものが最大限にみても一定期間以上は効果を上げ得ぬことをハッキリと教えている」と続けた（増田弘『マッカーサー――フィリピン統治から日本占領へ――』）。

さらに、三月一七日、マッカーサーは外国人記者団に対し、あくまで彼個人の見解としてではあるが、日本はすでに連合国との間で平和条約を結ぶことができる段階にきている、と言明した。当時のマッカーサーは、日本を「太平洋のスイス」にすることを思い描いていた、としばしば論じられる。ケント・E・カルダーによれば、マッカーサーは、この理想主義的な目標を達成するために、「過激な〝不戦条項〟を含む憲法の制定に関与した」（武井楊一訳『米軍再編の政治学――駐留米軍と海外基地のゆくえ――』）。

この頃マッカーサーが思い描いていたのは、文民政府のもとでの、非武装化した「太平洋のスイス」＝中立的な「民主主義」国家日本であった。そしてマッカーサーは、自らが主導した一連の「民主化」「戦後改革」によってこの理想が現実化しつつあるとの認識のもとに、対日平和条約の早期締結と締結後の占領軍の早期撤兵を主張したのである（もちろん、マッカーサーの言う「太平洋のスイス」とは、外交的には中立な平和国家であっても、国内的にはあくまでマッカーサー好みの「民主主義」国家であった。それ故、マッカーサーは、四七年の二・一ゼネスト反対指令に象徴的に示されるように、彼自身が理想的と考える「民主化」の枠を逸脱する「過激」な行動に対しては断固たる姿勢をとったのである）。

米本国においても、マッカーサーの唱える「太平洋のスイス」＝日本との早期和平を指示する動きがあった。

たとえば、国務省極東局は、四七年三月の段階で、対日平和条約の最初の草稿を作成しているが、この草稿には日本本土及び沖縄の基地に関する条項はひとつもない（同書）。同年七月一一日、国務省は極東委員会の構成国（米・英・ソ連・中華民国・フランス・フィリピンなど一一ヶ国）に対し、対日平和条約草案準備のための予備会議の早期開催を申し入れている。

ちなみに、日本の降伏直後は、マッカーサーのみならず、陸軍参謀総長ジョージ・C・マーシャル元帥をはじめとする米軍上層部も、「日本本土に恒久的な基地を置くという意見」は述べていない（同書、ただし、琉球諸島に関しては、マッカーサーを含め、米軍関係者のほとんどが、長期駐留が必要であると考えていた）。

ケナンの早期撤兵反対論と占領政策の転換

国務省の申し入れに対し、ソ連と中華民国はそれぞれの立場から頑強に反対したが、実は米国内においても、マッカーサーや国務省極東局の意見はこの頃にはもはや少数派になりつつあった。第二次大戦中から水面下で密かに進行しつつあった米英とソ連の確執は、大戦後のソ連の勢力圏の拡大とともに、米国とソ連を

ハリー・S・トルーマン

それぞれの盟主とする西側陣営（自由主義陣営）と東側陣営（共産主義陣営）の「冷たい戦争」（冷戦）となって顕在化し、マッカーサーが陸軍省宛に電文を打った一九四七年二月頃にはすでに東西対立は決定的なものとなっていた。

日本の敗戦直後、「日本本土に恒久的な基地を置くという」ことには消極的であった陸軍も、元参謀総長のマーシャル元帥を含め、日本を反共陣営の一角に取り込むことを考えており、少なくともマッカーサーの言う占領軍の早期撤兵には反対の立場をとるようになっていた。

先に述べたように、三月一七日、マッカーサーは外国人記者団に対し、日本との平和条約の

締結について語ったが、その五日前の三月一二日、ハリー・S・トルーマン大統領は、マッカーサーを牽制するかのように、一般教書演説のなかで共産主義封じ込め政策を明らかにしていた（いわゆるトルーマン・ドクトリン）。そして、国務省内部では、対ソ封じ込め派のジョージ・F・ケナンが発言力を増していた。

ジョージ・ケナンは大戦末期の四四年に代理大使としてモスクワに赴任、四六年二月に国務省宛に通称「長文電文」と呼ばれる電文をモスクワから国務省に送った。この電文は、米政府内で回覧され、トルーマン・ドクトリンに大きな影響を及ぼした、と言われている。

四七年五月、ケナンは国務省に新設された政策企画本部（ＰＰＳ）の本部長に就任した。同年一月に国務長官となっていた元参謀総長マーシャルの推薦である。

ジョージ・F・ケナン

本部長に就任直後ケナンは、報告書「合衆国の西欧援助政策」（ＰＰＳ１）を作成した。同報告書は、復興援助により戦後の経済的危機のなかにある欧州諸国を資本主義国家として復活させ、勢力を拡大しつつある共産主義（ソ連）を封じ込めようとするものであり、翌年六月マーシャル国務長官が発表したヨーロッパに対する大規模復興援助計画（マーシャル・プラン）に大きな影響を与えた。

このケナンも日本との平和条約の締結と将来における占領

軍の撤兵を考えていた。しかし、それは日本が資本主義国家として自立し、内外の共産主義勢力に対抗するだけの自衛力を蓄えてから後の話であった。ケナンにとって、マッカーサーが主張する和平条約の早期締結と占領軍の撤兵は、全く「狂気の沙汰」であった。

……当時世界を風靡していた風潮（共産主義─引用者注）の中に、日本を独力で放り出そうとなどと考えるのは狂気の沙汰としか言いようがなかった。日本は全く武装解除され、非軍事化されてしまっていた。──中略──日本はソビエトの軍事拠点によって半ば包囲されていたのだ。しかも日本の防衛についてはいかなる種類の対策もまだ占領軍当局によって講じられていなかった。

──中略──

日本は共産主義の浸透や政治的圧力に対抗する効果的な手段は何も持っていなかったのに、すでに共産主義は占領下に強力な宣伝を展開し、もし占領が終了し、アメリカ軍が撤退しさえすれば、たちまちにその圧力は増大することが目に見えていた。（清水俊雄訳『ジョージ・F・ケナン回顧録』上）

ケナンによれば、「ポツダム宣言は、ただ日本の非軍事化と一部領土の行政権放棄を規定しているだけであ」った。そして、宣言の目的は、「すでにマッカーサーによって遂行されてしまった」。

しかし、共産主義の勢力拡大が懸念されるなか、対日占領政策も「変更」（転換）されなければならない。「現在要求されている占領政策の変更は、目的――すなわち、日本の経済復興と極東地域の安定と繁栄に建設的な寄与をするための日本の能力の回復――に関連した変更」である。そして、日本が能力を回復するまで、「日本の安全にとって一番危険な」、「日本の共産主義者による陰謀、転覆、政権の奪取が行われる可能性」を防ぐために、占領軍（具体的には米軍）は日本に駐留し続ける必要があった（同書）。

一九四八年二月から三月にかけて、ケナンは、「占領政策の変更」を説得すべく、東京においてマッカーサーと会見した。来日に先立ち、ケナンは、四七年の一〇月一四日と一一月六日の二度に渡ってマッカーサーに文書を送り、占領軍の早期撤退の危険性と「現地の独立した軍隊を強化し、彼らに重荷の分担をもっと多く背負ってもらい、力の均衡を回復すること」（日本の自衛力の育成）の「必要」について論じた（同書）。

帰国後ケナンは、マーシャル国務長官に報告書（献策）を提出した。そこには、マッカーサーとの会見体験を踏まえ、占領政策を「改革から経済復興」に移行すること、「賠償の漸次中止」、平和条約の早期締結への反対、条約が締結されるまでは戦術部隊を駐留させること、日本の「警察力」（沿岸警備隊、海事警察を含む）の強化等が盛り込まれていた（同書）。そして、この報告書は、六月二日国家安全保障会議によって修正の上採択され、「米国の対日政策に関する報告」（NSC－13）として承認され、一〇月七日NSC－13／2として、トルーマン大統領の認可を得た。

これより先（四八年一月一六日）、ケネス・ロイヤル陸軍長官は、対日占領政策を「処罰と改革」から「経済復興」へと転換することをサンフランシスコでの演説で明らかにしていた。陸軍・国務両省は、「占領政策の転換という基本線でほぼ足並みを揃え」ることになったのである（前掲『マッカーサー』）。

この米本国の方針は、訓令の形で東京のGHQに伝えられた。マッカーサーは、日本の「太平洋のスイス」化に拘泥し、日本の再軍備に反対する立場から警察力の増強にも批判的であったというが（前掲『マッカーサー』）、それでも「ワシントンでそれ（NSC13―引用者注）が最終的に決定されるに至るまでの審議の模様もよく知らされていたらしく、その献策を多くの点で、彼自身の大きな執行権を発揮して先手を打って実行していた」（前掲『ジョージ・F・ケナン回顧録』上）。

こうして、米国の対日占領政策は、「民主化」へ向けての「改革」から、「経済復興」を助長することにより、日本を米国を中心とする西側陣営に確実に取り込む路線へと大きく舵を切ったのである。そして、占領軍（米軍）の撤兵は先送りとなり、占領軍そのものも日本「民主化」の尖兵から日本国内の左翼勢力に対する〈ストッパー〉へと、そのスタンスを変化させることになるのであった。

2　キャンプ座間誕生

陸軍士官学校跡地、正式にキャンプ座間となる

米国の対日占領政策の転換により、占領軍（米軍）の長期駐留は決定的となった。そして、このことは米軍駐屯地のあり方も大きく変えた。

日本の敗戦後日本に進駐した連合国軍の駐屯地は、多分米軍が通称的に「キャンプ」と呼んでいたからであろう、日本側もしばしば「キャンプ」の名で呼んでいた。しかし、日本国内の占領軍駐屯地には、一九四八年まで「キャンプ」という正式名称は存在しなかったようだ。

78ページ上の写真は、第八軍司令部が作成した第八軍麾下・指揮下の部隊の一覧表「（米軍）部隊・基地配置表」（四八年三月八日付／原英文、米国国立公文書館蔵）である。これを見ればわかるように、第四補充処の所在地は、Zama,Hon（座間、本州）となっているのみである。これは、第四補充処だけのことではなく、たとえば、第一騎兵師団及びその麾下部隊の所在地

RESTRIC [illegible]

UNIT	LOCATION	LONG	LAT	APO	ASGMT OR FUR ASGMT	ATCHMT
		REPLACEMENT UNITS				
4th Repl Dep, Hq & Hq Co	Zama, Hon	139	24-35 30	703	8th Army	
2d Repl Bn, Hq & Hq Co	Zama, Hon	139	24-35 30	703	8th Army	4th Repl Dep
14th Repl Bn, Hq & Hq Co	Zama, Hon	139	24-35 30	703	8th Army	4th Repl Dep

「(米軍) 部隊・基地配置表」1948年3月8日付　キャンプ座間の名称がない　米国国立公文書館蔵

CAMP ZAMA

4th Repl Dep, Hq & Hq Co	Zama	
2d Repl Bn, Hq & Hq Det	Zama	
14th Repl Bn, Hq & Hq Det	Zama	
192d Finance Disbursing Sec	Zama	
53d QM Laundry Det	Zama	
536th QM Sales Det	Zama	
128th Med Station Hospital (50)	Hara-Machida	
703d APO	Zama	Atchd to and operated by

STATION LIST - Eighth Army Troops, Camp Yokohama and Sub-Posts of: Camp Yokohama (Cont'd)

UNIT	LOCATION	REMARKS
519th Sig Base Depot, Hq & Hq Co	Kawasaki	Yokohama Command for CM Juris
202d Sig Base Dep Co	Yokohama	
70th Sig Base Maint Co	Yokohama	
Det C, 72d Sig Sv Bn	Yokohama	
72d Sig Sv Bn Hq Co	Yokohama	
531st Hq Int Det	Yokohama	
16th Sig Sv Co	Yokohama	
A Co	Yokohama	
B Co	Tokyo	Exempt fr Camp Tokyo
C Co	Yokohama	
D Co	Yokohama	
3d Trans Mil Ry Sv, Hq & Hq Co (-Det)	Yokohama	
[illegible] Trans Traffic Regulating Co	Yokohama	
Tokyo [illegible] Team	Tokyo	Exempt fr Camp Tokyo
Kanagawa MG Team	Yokohama	
YOKOHAMA ENGR DEPOT		
598th Engr Base Dep, Hq [illegible] Co	Yokohama	
[illegible] Engr Base Dep Co	Yokohama	
736th Engr Hv Shop Co	Yokohama	
YOKOHAMA ORD DEP		
229th Ord Base Dep, Hq & Hq Co	Yokohama	
1st Ord Bn, Hq & Hq Det	Yokohama	
22d Ord Sv Bn, Hq & Hq Det	Tokyo	Exempt fr Camp Tokyo
*55th Ord Am Co (-1 Plat & Det)	Zushi	
*630th Ord Am Co	Zushi	
72d Ord Base Dep Co	Yokohama	
823d Ord Base Dep Co	Yokohama	
836th Ord Base Dep Co	Tokyo	Exempt fr Camp Tokyo
587th Ord Sv Co (Gen Sup)	Yokohama	
588th Ord Sv Co	Yokohama	
590th Ord Sv Co (Automotive Maint)	Tokyo	Exempt fr Camp Tokyo
591st Ord Sv Co (Automotive Maint	Tokyo	Exempt fr Camp Tokyo
166th Ord Tire Rep Co	Yokohama	
7th Ord Bomb Disposal Squad	Yokohama	
612th Ord Sv Co (Automotive Maint)	Yokohama	

9. Camp Zama and Sub-Posts of:

CAMP ZAMA

4th Repl Dep, Hq & Hq Co	Zama	
2d Repl Bn, Hq & Hq Det	Zama	
14th Repl Bn, Hq & Hq Det	Zama	
192d Finance Disbursing Sec	Zama	
53d QM Laundry Det	Zama	
536th QM Sales Det	Zama	
128th Med Station Hospital (50)	Hara-Machida	
703d APO	Zama	Atchd to and operated by 4th Repl Dep

「(米軍) 部隊・基地配置表」1948年11月30日付　キャンプ座間の名称が登場（上は該当部分の拡大）　米国国立公文書館蔵

についても、同日付の「配置表」ではAsaka,Hon（朝霞、本州）、Tokyo,Hon（東京、本州）、Hiratsuka,Hon（平塚、本州）などとなっているのみであり、キャンプ名は記されていない。

ところが、占領政策の転換を明らかにしたNSC-13

／2が、トルーマン大統領の認可を得た後に作成された一一月三〇日付の「配置表」では、キャンプ横浜のサブ・キャンプとしてCAMP ZAMA（キャンプ座間）の名があり、第四補充処の名も、キャンプ座間のなかに見ることが出来る（78ページ中・下の写真参照）。

また、二章で紹介したように、第四補充処司令部が作成した「第四補充処司令部・司令部付中隊の組織拡大」には、第四補充処の任務のaとして、キャンプ座間を維持する部隊としての基地業務があげられている。この書類が作成されたのは、四八年六月三〇日（九月三〇日に改訂）であり、先のケナンの献策が国家安全保障会議によって承認されたのと同月である。

これらの事実から、陸軍士官学校跡地は、NSC-13が国家安全保障会議によって承認された直後にキャンプ座間という名称を与えられ、NSC-13／2がトルーマン大統領の認可を得てから間もなく正式にキャンプ座間となったと考えられる。

そして、日本国内の米軍駐屯地の多くが、四八年末から四九年にかけて正式に「キャンプ」の名称を与えられたのである。たとえば、やはり相模原町内の陸軍機甲整備学校跡地は、四九年にCamp Fuchinobe（キャンプ淵ノ辺、のちに日本側呼称は、キャンプ淵野辺に変更）となっている。

占領政策の転換にともない、米軍駐屯地は、名称も与えられない臨時の駐屯地から、長期駐留を前提とし、司令部を持った「キャンプ」として再スタートすることになったのである。

ちなみに、キャンプ座間の場合、当面は第四補充処司令部がキャンプ司令部を兼ね、補充処司令官がキャンプ司令官を兼務することになった。

メーデー暴動化鎮圧の拠点

ケナンが占領政策の転換について、マッカーサーと協議するために来日した頃、日本国内の労働争議はそのピークを迎えていた。一九四八年二月二五日には、大阪中央郵便局の二四時間ストライキを皮切りに公務員の新給与職階級制に反対する全官公の三月闘争が開始され、全逓による三次にわたる広域二四時間ストライキが実行された。四月一七日には、一二〇〇名におよぶ人員整理に反対する東宝従業員組合によるストライキ（東宝争議）が、東宝砧撮影所で開始された。

在日朝鮮人の民族運動も高まりを見せ、四月には大阪市及び神戸市において、GHQ及び日本政府による朝鮮人学校閉鎖命令の撤回を求めて、朝鮮人数千名が大阪府庁、兵庫県庁に集合するという事態が生じた（阪神教育事件）。

また、米国による朝鮮半島米軍占領地域（北緯三八度線以南、のちの大韓民国）の単独独立工作が明らかになると、ソ連軍占領地域（同以北、のちの朝鮮民主主義人民共和国）はこれに反発、四月三〇日、米ソ両軍の即時撤退要求と南朝鮮における単独選挙反対を表明した。そして日本国内においても「南北」の対立が懸念されるようになった。

このような状況下、ＧＨＱ、占領軍（米軍）当局は、四八年五月一日の第一九回メーデーを前にして、労働運動の高まりを注意深く観察していた（以下の第一九回メーデーを前にしての米軍部隊に関する記述は、栗田尚弥「茅ヶ崎とアメリカ軍（4）」『茅ヶ崎市史研究』第25号参照）。

たとえば、横須賀のキャンプ・マックギルに司令部を置く第一騎兵旅団（第一騎兵師団麾下）の「特別訓練覚書付属文書第一号」（四八年四月二〇日付）は、「最近数週間の間、特にメーデーが近づくにつれ、地域規模さらには地方規模でのストライキがますます多発傾向にある。かかる状況は組合内の急進的な幹部によって強化されつつある活動によって、また反体制分子の政治的影響力によって悪化の一途をたどっている」と記している。

ちなみに、この「付属文書第一号」は、労働者集会、大会、デモ、ストライキが多分に起こりうる地域として、横浜、川崎、横須賀、藤沢、厚木、小田原、秦野、松田、茅ヶ崎、三崎、鎌倉（以上神奈川県）、静岡、清水（以上静岡県）、甲府（山梨県）と並んで「相模原」の名を挙げている。

また、第一騎兵旅団に属する第五騎兵連隊麾下の第八工兵中隊の四月二三日付の「特別訓練覚書」は、「労働者の集会が、給水施設に隣接した地域で行われることが予想」されるとし、具体的に横須賀、横浜、鶴間（大和町鶴間）、鎌倉、藤沢、厚木、相原（相模原町相原、現、

ロイヤル陸軍長官の閲兵を受けるキャンプ・マックギル（横須賀）の第１騎兵旅団　1949年2月　米国国立公文書館蔵

相模原市）、青野原（青野原村、現、相模原市）の名を挙げ、これらの地域では、「キャンプ・マックギルと横浜への水の供給に関わるような暴動の発生もありうる」と述べている。

さらに、第八工兵中隊の上部組織である第五騎兵連隊のやはり四月二三日付の「特別訓練覚書」によれば、米軍は、メーデー当日の「共産主義者や共産主義者に感化された朝鮮人」による「暴動」や「サボタージュ」を予測していた。

「共産主義者や共産主義者に感化された朝鮮人」に扇動されたメーデーの「暴動」化を懸念した占領軍当局は、「いかなる緊急事態にも対処できるよう」、それぞれの「受け持ち地域内」における「潜在的に動向不穏な地区および集団を監視するため」の「警備・通信網」を四月二九日までに整備した。また、「暴動」を武力鎮圧するため、小銃の他機関銃や迫撃砲で武装した機動部隊（コードネームDOTHING）も組織された。

　この時、相模原の第四補充処は、厚木─原町田─相模原地区警備の中心地となり、旧相模陸軍病院跡の第一二八衛戍病院には、地区の通信拠点としての役割を担うべくSCR一九三型ラジオ（通信機）が配備された。そして、第一二騎兵大隊（第五騎兵連隊麾下）の連絡隊が、地区の警備とともに第四補充処、第一二八衛戍病院と第五騎兵連隊本部（キャンプ・マックギル）の連絡に当たることになった（第五騎兵連隊「特別訓練覚書」）。

　五月一日、準備された「警備・通信網」は動きだし、DOTHINGは不測の事態に備えた。厚木─原町田─相模原地区の中心地点とされた第四補充処と第一二八衛戍病院には、予定通り連絡隊が派遣され、やはり不測の事態に備えた。

　この頃米国内においては、NSC-13の原型となるケナンの占領政策転換に関する献策がすでに提出されており、好意的な評価を受けていた。すでに述べたように、マッカーサーは、NSC-13が「最終的に決定されるに至るまでの審議の模様もよく知らされて」おり、ケナンの「献策」を「彼自身の大きな執行権を発揮して先手を打って実行していた」。

　また、マッカーサー自身、ワシントンとは思惑を異にしながらも、左翼陣営の勢力拡大を懸念していた。結果的には、四八年のメーデーは、何事もなく平和裡に終了した。だが、マッカーサーをはじめとする占領軍（米軍）当局者が、メーデーによって「緊急事態」が発生すると判断した場合には、「直接行動をとりうる権限」を解凍し、占領軍の軍事力が発動されていた可能性も大きかったのである。

その場合、第四補充処をはじめとする相模原の米軍施設は、「日本の安全にとって一番危険な」集団に対する厚木—原町田—相模原地区における武力鎮圧拠点となっていたのである。

四章　朝鮮戦争と米軍基地・施設の恒久化

米陸軍横浜技術廠相模工廠西門　1951 年ころ
相模原市蔵

1　米軍基地恒久化に向けて

ケナンの基地恒久化反対論

三章で述べたように、ジョージ・ケナンの登場により、米国の対日占領政策は、「民主化」へ向けての「改革」から、「経済復興」を助長することにより、日本を西側陣営に確実に取り込む路線へと大きく舵を取ることになった。

ケナンは、マッカーサーの唱える占領軍（米軍）早期撤退論に反対し、「日本の安全にとって一番危険な」左翼勢力、特に共産党の影響力の拡大を防ぐために、日本が統治能力を回復するまで占領軍（米軍）は、日本に駐留し続ける必要があると主張した。

しかし、ケナンは、ソ連の脅威に対して必要以上に軍事力で対抗することには基本的に反対であった。たとえばケナンは、米国を中心とする西欧軍事同盟構想（一九四九〔昭和二四〕年四月、北大西洋条約機構〔NATO〕として実現）については否定的であった。ケナンは西側諸国に対してソ連が「正規の軍事力を行使する意思など持っていない」と判断していたのである。そして、極東においても、「安全保障について（米国とソ連は）ある種広範な了解に到達できるだろう、という希望を持っていた」（前掲『ジョージ・F・ケナン回顧録』上）。

この観点から、ケナンは日本の米軍基地の恒久化には否定的であった。ケナンは、基地の恒久化はかえって東西の緊張を高めることになり、逆に「(米国が) 日本列島から軍事的に離脱する保証を与えれば (ソ連は) なんらかの代償を喜んで払」(『ジョージ・F・ケナン回顧録』下) うと推測していたのである。

すなわち、「ひとたび日本の国内情勢が安定し、破壊活動を防ぎ、国内の治安を保証するに足るだけの兵力が日本に与えられた暁には、われわれ (米国のこと—引用者注) はロシアに対して、朝鮮全域を共産化しない保証を与えるような解決と引き換えに事実上われわれの武装兵力を日本列島 (沖縄については確言できない—原注) から撤退させることを申しでることができるかも知れない」(同書) と考えたのである。

ケナンが基地の恒久化に反対したのにはもうひとつの理由があった。それは、「軍隊の無期限保持」すなわち基地の恒久化は、「日米関係の上に緊張をおしつけることになる」(同書) ということであった。五〇年八月二一日、ケナンは自身のメモに、この「緊張」について具体的に次のように書いている。

われわれは無期限に、自分たちの力を主要な手段として、巧みに日本をソビエトの圧力に抵抗させ続けることはできない。このための唯一適切なる〝主要な手段〟は、長い日で見て啓発された日本人の利己心であり、日本政府がそれを行動に移し変えることであろう。もしわれわれが日本に兵力を維持することを固執しつづけるならば、日本におけるこれらの兵力の強化は、不可避的に政治的争いの一つの核心となると同時に、それを共産主義者が徹頭徹尾利用することになろう。(同書)

ケナンは、基地の恒久化による日本人の反米化が、国内の政争の原因となり、それが「共産主義者」に利用されることを懸念したのである。

ケナンからアチソンへ

だが、一九四九(昭和二四)年一月にマーシャルに代わって、国務次官であったディーン・G・アチソンが国務長官に就任すると、ケナンの発言力は次第に低下し、同年一二月ケナンは政策企画本部長を辞任した。

ケナン同様、アチソンも反共主義者であり、トルーマン・ドクトリンとマーシャル・プランの立案に重要な役割を果たしている。しかし、ケナンと異なり、ソ連の存在を西側世界に対する軍事的脅威ととらえ、それに対する軍事的対応策の必要を主張し、NATOの結成にも尽力した。

四九年八月ソ連が核実験に成功し、一〇月に中華人民共和国が成立すると、「力関係の変化が目睫の間に迫っている」と見たアチソンは、東側の「軍事侵略」に対する軍事力による反撃を明言するようになる。五〇年一月一二日、アチソンはワシントンのナショナル・プレス・クラブでの「中国の危機―合衆国政策の検討」と銘打った演説において、「アリューシャンから日本に至り」、さらに「琉球よりフィリピン諸島に至る」範囲を「防衛周辺」(もしくは「防衛線」)と規定し(吉沢清次郎訳『アチソン回顧録』1)、この「防衛周辺」に対する軍事的脅威に対しては断固として反撃する、と語った。いわゆる、「不後退防衛線(アチソン・ライン)」演説である。

ディーン・アチソン

このアチソン・ライン演説は、極東有事の際の軍事行動の可能性について触れたもので、日本国内の米軍基地の恒久化を前提としていた。アチソンは、四九年秋から、英国の了承を取り付けたうえで、ソ連の意向を無視した形で日本との平和条約の早期締結に向けて画策していた。

ただし、この早期和平論は、かつてマッカーサーが主張した「東洋のスイス」化した日本との平和条約ではなく、「日本を同盟国として勝ち取ることを目指した平和条約」

（『ジョージ・F・ケナン回顧録』下）であり、基地の恒久化を前提としたものであった。ケナンによれば、この条約は「日本を合衆国の恒久的な軍事同盟国に変える取り決めであることを示す、乃至はそのような取り決めを伴うもの」であり、「アメリカ軍による日本列島の無期限にわたる継続的な使用を規定」した（ソ連を無視した）「単独条約」であった（同書）。

五〇年一月三一日、トルーマン大統領は、国務省、国防総省のメンバーからなる国家安全保障会議（NSC）に「平和と戦争における目的の再検討」（同書）を命じた。NSCの議長は、ケナンの後任の国務省政策企画本部長であり、アチソンの腹心とも言うべきポール・ニッツェであり、もちろんアチソンもこのNSCのメンバーであった。

四月、NSCは、西半球における西側諸国の防衛戦争遂行能力の向上、動員基盤の整備維持、日本の米軍基地の恒久化等を内容とした、「報告第六八号」（NSC-68）を作成、トルーマンに提出した。

当初、トルーマンはこの報告書を支持せず、また、冷戦を拡大させるおそれがあるとして、米政府内にも批判的な声があったが、朝鮮戦争勃発後の九月三〇日、トルーマンはこれをNSC-68／1として承認した。

国家安全保障会議において、NSC-68の議論が為されている頃、統合参謀本部内では「日本における恒久的な米軍基地に関する計画」（前掲『ジョージ・F・ケナン回顧録』下）が進行しつつあった。そして、当時の吉田茂内閣は、「恒久的な日米軍事協定と引き換えに、合衆国に対し基地譲渡の同意」（同書）を与える意向であった。

ちなみに、この「計画」には、「少なくとも空軍基地三、海軍基地一、それに陸軍司令部が求められていた」（同書）。この時、キャンプ座間が「陸軍司令部」の所在地に想定されていたことは、想像に難くない。ともあれ、朝鮮戦争が勃発（五〇年六月二五日）する頃には、平和条約締結後も米軍を日本に無期限に駐留させること＝基地の恒久化は、ほぼ米国の既定方針となっていたのである。

そして、この頃にはかつて日本の「太平洋のスイス」化を説いたマッカーサーも、「日本全土が防衛作戦のための潜在的基地とみなされるべきである」と、米軍基地の恒久化に賛意を表するようになっていたのである（前泊博盛編著『本当は憲法より大切な「日米地位協定入門」』）。

2、相模原における基地恒久化への動き

「占領軍」から〈外征軍〉へ

米国内における日本の米軍基地恒久化への動きは、当然日本国内の米軍のあり方にも影響を及ぼした。基地恒久化の動きとともに、日本国内の米軍は、〈対左翼ストッパー〉から、極東

での有事を想定した〈対東側陣営前線部隊〉としての任務も担うことになった。そして、それは同時に米軍が「占領軍」から〈外征軍〉となったことを意味していた。

一九四八（昭和二三）年三月、米極東軍総司令部は、「極東軍各部隊が全面的非常事態においてとるべき初期行動に関する指令の基礎として利用」（荒敬「朝鮮戦争前後の在日米軍―戦争計画・沖縄「再軍備計画」・朝鮮原爆投下計画を中心に」『年報現代史』第4号）する作戦計画書「ガンパウダー」を作成した。極東軍（FECもしくはFECOM）は、四六年一二月の太平洋陸軍の廃止にともない、四七年一月に、旧太平洋陸軍を中心に組織された陸・海軍の統合軍である（総司令官は同じくマッカーサー）。

この「ガンパウダー」は、四八年九月に改訂され、さらにアチソンの国務長官就任三ヶ月後の四九年四月、明確に対ソ戦を意識した、全面改訂版というべき第二版（事実上第三版）が作成された。

これに先立ち（三月一日）、マッカーサーは、「今や太平洋はアングロサクソンの湖水となり、われわれの防衛線はアジアの海岸沿いに連なる島嶼を通じて走行することになった。それはフィリピンから、その主要城塞たる沖縄を包含する琉球列島を通じてつながる。それから湾曲して日本を通り、アリューシャン列島からアラスカに至る」と、「アジアからの侵攻に対する防衛配置」について語っている（前掲『アチソン回顧録』1）。

この時点で、マッカーサーが、基地の恒久化を考えていたかどうかは定かではない。しかし、「アジアからの侵攻」の可能性を懸念し、それに対する「防衛線」のなかに日本国内の米軍基地を位置付けていたことは明らかである。そしてこの「防衛線」は、アチソンが「私の防衛線、われわれの防衛周辺といわれるものは、マッカーサー大将（正確には元帥—引用者注）のそれに沿う」と語っているように（同書）、アチソン・ラインと明確に重なるものであった。

五〇年三月、極東軍は、「全面的非常事態」を想定した統合指揮所演習「JCPX-1-50」を実施、さらに同年四月、総司令部の非常時移転計画書「サーガソ」を完成させた（荒敬、前掲論文、前掲書）。

この少し前、日本国内の米軍（形式上は連合国軍［占領軍］の一部であるが）は、有事を想定して、組織変更を実施している。たとえば第一騎兵師団は、機甲師団から、多分アジア地域での戦闘を想定したためであろうか、歩兵を中心とした師団に組織変更されている（94ページ表2）。

また、その活動も、東側陣営との戦闘を明確に意識したものになっていた。たとえば、茅ケ崎市に駐屯していた第一騎兵師団麾下の第九五軽戦車中隊は、師団の組織変更にともない、第七一重戦車大隊のA中隊となり、同時にその任務も「東京、横浜一帯や周辺地域における（左翼勢力の）暴動、暴力的事態」に対処することから「ハイレベルな戦闘能力を身につけること」

表２　第1騎兵師団の組織変更

旧組織	新組織
第1騎兵師団	第1騎兵師団（歩兵）((歩兵)は原資料に(Infantry）とあり。以下同)
第1騎兵師団司令部中隊 (Troop)	第1騎兵師団司令部中隊 (Company)
第15設営中隊 (Troop)	第15設営中隊 (Company)
ＭＰ小隊	第545ＭＰ中隊 (Company)
第27兵器・機材保守中隊 (Company)	第27兵器・機材保守中隊 (Company)
第1通信中隊 (Troop)	第13通信中隊 (Company)
第302機械化騎兵偵察中隊 (Troop)	第16偵察中隊 (Company)
第8野戦工兵大隊 (Squadron)	第8（野戦）工兵大隊 (Ballalion)
第1医療大隊 (Squadron)	第15医療大隊 (Ballalion)
第5騎兵連隊	第5騎兵連隊（歩兵）
第7騎兵連隊	第7騎兵連隊（歩兵）
第8騎兵連隊	第8騎兵連隊（歩兵）
第1機兵師団砲兵隊司令部・司令部砲兵中隊 (Battery)	師団司令部砲兵隊
第61野戦砲兵大隊 (Battalion)	編成変更なし
第271野戦砲兵大隊 (Battalion)	第77野戦砲兵大隊 (Ballalion)
第99野戦砲兵大隊 (Battalion)	編成変更なし
第82野戦砲兵大隊 (Battalion)	編成変更なし
第1騎兵師団軍楽隊	第1機兵師団（歩兵）軍楽隊
第1医療大隊 (Squadron) Ｃ中隊	師団司令部医療分遣隊
師団砲兵隊医療分遣隊	活動停止
第61野戦砲兵大隊医療分遣隊	第1機兵師団砲兵隊医療分遣隊
第77(ママ)野戦砲兵大隊医療分遣隊	師団砲兵隊医療分遣隊に併合
第82野戦砲兵大隊医療分遣隊	師団砲兵隊医療分遣隊に併合
第99野戦砲兵大隊医療分遣隊	師団砲兵隊医療分遣隊に併合
第92防空砲兵大隊（Ballation、活動停止中）医療分遣隊	師団砲兵隊医療分遣隊に併合
第202対空砲兵大隊（Battalion、活動停止中）	第92対空砲兵大隊（Battalion）
第796戦車大隊（Ballalion、活動停止中）	第71重戦車大隊 (Ballalion)
第16騎兵設営大隊（Squqdron）司令部・司令部中隊（Troop、活動停止中）	第15補充中隊 (Company)
第1騎兵旅団司令部・司令部中隊 (Troop)	活動停止
第2騎兵旅団司令部・司令部中隊 (Troop)	活動停止
第12騎兵隊	活動停止

出典：First Cavalry Division, *Unit History, G-1 Section*,31 Dec 49.（米国国立公文書館蔵）より作成。
注：1　Troop も Company も翻訳すると同じ中隊であるが、Troop は元来騎兵中隊を指し、Company は歩兵中隊を指す。
注：2　Squadron は元来騎兵大隊を指し、Ballation は歩兵大隊を指す。
注：3　Battery とは砲兵中隊のことである。

に変化していた（栗田尚弥「茅ヶ崎とアメリカ軍（2）」『茅ヶ崎市史研究』第22号）。

キャンプ座間に高射砲―押し寄せる〈前線部隊〉化

〈対東側陣営前線部隊〉化の波は、相模原の米軍基地や施設にも押し寄せた。

三章で述べたように、一九四八（昭和二三）年以来キャンプ座間の司令官は、第四補充処司令官が兼務していたが、一九四九年一〇月六日、同日付の「第四〇対空砲兵旅団一般命令第四〇号」によって、戦闘部隊である第七〇対空砲兵群司令官ジョセフ・ハリソン大佐が兼務することになった。キャンプ副司令官は、ロバート・フィリップス第四補充処司令官（大佐）が兼務することになったが、同月第四補充処はキャンプ座間から横浜のキャンプ・リナルド・L・コーアに移動し（三〇日移動終了）、翌年一月二四日同地において活動を停止した。

第七〇対空砲兵群は、高射砲を主力兵器とする防空部隊（連隊相当）で、四七年いったんフィリピンにおいて活動を停止していたが、四九年四月、厚木飛行場において活動を再開した（以下、同砲兵群に関する記述は「第七〇対空砲兵群司令部・麾下部隊履歴レポート」、原英文、米国国立公文書館蔵による）。四九年四月は、対ソ戦計画書「ガンパウダー」第二版が作成された月である。活動再開の意図が、日本国内の米軍基地や施設の防空強化にあったことはまず間違いない。

図 5　対空砲兵部隊組織図

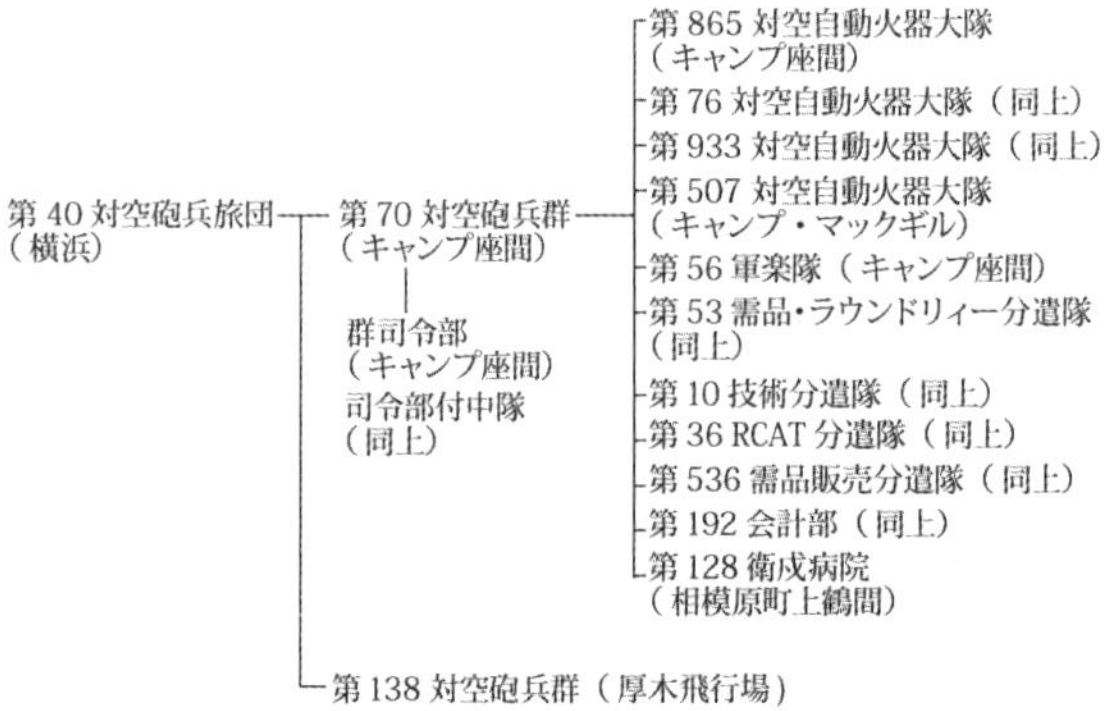

- 第 40 対空砲兵旅団（横浜）
  - 第 70 対空砲兵群（キャンプ座間）
    - 群司令部（キャンプ座間）
    - 司令部付中隊（同上）
    - 第 865 対空自動火器大隊（キャンプ座間）
    - 第 76 対空自動火器大隊（同上）
    - 第 933 対空自動火器大隊（同上）
    - 第 507 対空自動火器大隊（キャンプ・マックギル）
    - 第 56 軍楽隊（キャンプ座間）
    - 第 53 需品・ラウンドリィー分遣隊（同上）
    - 第 10 技術分遣隊（同上）
    - 第 36 RCAT 分遣隊（同上）
    - 第 536 需品販売分遣隊（同上）
    - 第 192 会計部（同上）
    - 第 128 衛戍病院（相模原町上鶴間）
  - 第 138 対空砲兵群（厚木飛行場）

出　典：HEADQUARTERS 70TH ANTIAIRCRAFT ARTILLERY GROUP, *70TH ANTIAIRCRAFT ARTILLERY GROUP COMMAND AND UNIT HISTORICAL REPORT* 1949-50,26 June 1950.　米国国立公文書館蔵

注 1：第 70 対空砲兵群司令部は、キャンプ座間司令部を兼務した。

注 2：第 128 衛戍病院は、正確には第 70 対空砲兵群「麾下」ではなく「指揮下」である。

注 3：第 70 対空砲兵群麾下大隊のうち、第 76 及び第 933 大隊は黒人兵主体の、第 865 及び第 507 大隊は白人兵主体の部隊である。

四月二五日、第七〇対空砲兵群は、第四〇対空砲兵旅団の麾下（それ以前は第一三八対空砲兵群付属）に入り、七月から八月にかけて砲兵群司令部およびその麾下部隊がキャンプ座間に配置された。同対空砲兵群麾下の部隊のうち第七六及び第九三三防対空自動火器大隊と第五六軍楽隊は黒人兵を主体とする部隊であった。なお、四五年九月から相模原にあった第一二八衛戍病院は、一〇月七日、補給と人事に関して第七〇対空砲兵群の管理下に入ることになった。

五〇年五月二二日、おそらくは朝鮮半島有事の際の対空部隊の再編成によるものであろう、第七〇対空砲兵群は横浜の日吉に移動、それに先だって麾下・指揮下の部隊に対しても配置転換が実施された（第一二八衛戍病院も、第七〇対空砲兵群の管理下から離れ、横浜に移動）。なお、第七〇対空砲兵群の横浜移動後は、第四〇対空砲兵旅団麾下の部隊が、状況に応じて、防空部隊としてキャンプ座間に配置された。

第七〇対空砲兵群の移動と相前後して（五月）、第一騎兵師団麾下の第八騎兵連隊が東京赤坂（旧日本陸軍歩兵第三連隊跡地）からキャンプ座間に移動、同月二〇日付で同連隊連隊長はキャンプ座間司令官を兼務することになった。

キャンプ座間の高射砲　米国国立公文書館蔵

　しかし、朝鮮戦争勃発後間もなく第八騎兵連隊は、他の第一騎兵師団麾下の部隊とともに朝鮮半島に移動した（七月）。第八騎兵連隊のキャンプ座間移動も、有事の際の海外への移動を想定してのことと思われる。キャンプ座間は、海外有事の際の日本国内の米陸上部隊の集結地としての意味を帯びてきたのである。

〈前線部隊〉化の波が押し寄せたのは、キャンプ座間だけではない。

　四七年以来第八軍の学校施設（車輌整備学校、兵器

横浜技術廠相模工廠　1949年2月　米国国立公文書館蔵

学校）が置かれていたキャンプ淵ノ辺（六一年四月から日本語表記は「キャンプ淵野辺」）には、四九年中頃からキャンプ座間同様第四〇対空砲兵旅団麾下の第九七対空砲兵大隊と第一八通信電探保守大隊が配置された。また同年秋には、横浜コマンド麾下の第五八四技術建設群司令部が置かれた。

さらに、賠償管理指定されていた旧日本陸軍相模造兵廠は、四九年一二月に改めて接収され（調達要求書四三八七号）、米陸軍横浜技術廠相模工廠となった。横浜技術廠は、米軍の中心的な保守管理部局である。

名称からすると相模工廠はこの横浜技術廠の付属の工廠のようであるが、相模工廠完成後は横浜技術廠の機能の大半は工廠に移された（横浜に残ったのは、司令部などごく一部）。米軍関係者は、相模工廠は「世界で最も大きい工廠」である、と豪語していたという。以後、相模工廠は組織と名称の変更を経て、相模総合補給廠となり現在に至る。

この時期新たに接収され、米軍施設となった場所もある。

敗戦直後、アメリカル師団の麾下部隊や騎兵第五連隊が一時進駐した旧日本陸軍電信第一連隊跡地は、四六年頃一旦日本側に返還され国が管理するところとなっていたが、五〇年五月一〇日周辺の民有地とともに接収され（調達要求書第四五〇一号）、米軍相模原住宅地区となった。キャンプ座間やキャンプ淵ノ辺、横浜技術廠相模工廠の役割の拡大にともなう米軍関係者の住宅施設整備の必要がその背景にある。

3　朝鮮戦争と相模原の米軍基地・施設

朝鮮戦争の勃発

第二次大戦後急速に悪化しつつあった米ソの関係は、一九四七（昭和二二）年三月のトルーマン・ドクトリンにより決定的となり、翌四八年三月にはソ連によるベルリン封鎖という形で顕在化した。

そして、この「冷たい戦争」の波は極東にも押し寄せた。大戦後北緯三八度線を境に西側連合国諸国とソ連の占領統治下に置かれていた南北朝鮮は、この年八月（大韓民国［韓国］）と九月（朝鮮民主主義人民共和国［北朝鮮］）に独立を宣言、それぞれ米ソのバックアップを受けて三八度線の南と北に対峙した。

翌四九年になると経済相互援助会議（COMECON）や北大西洋条約機構（NATO）の結成、東西ドイツの建国と、東（ソ連）西（米国）両陣営の「冷たい戦争」はますますエスカレートしていった。

同年一〇月、ソ連に次ぐ社会主義大国となる中華人民共和国がその建国を宣言した。そして、極東における「冷たい戦争」の「熱い戦争」への転化が予想、懸念されるようになった。

一九五〇（昭和二五）年六月二五日未明、朝鮮民主主義人民共和国（北朝鮮）軍は、突如北緯三八度線を突破、大韓民国（韓国）に侵攻した。

同日緊急に開催された国際連合安全保障理事会は北朝鮮を侵略者と認め、敵対行為の即時中止を求める米決議案を採択した（ソ連は欠席）。二七日トルーマン米大統領は米空軍と海軍に出動を命じ、安保理も国連加盟諸国に韓国支援を要請した。こうして、米国を「盟主」として韓国、イギリス、フランス、オーストラリア等西側一七ヶ国からなる国連軍（その他デンマーク、インドなど六ヶ国が国連軍に対する医療支援を実施、また日本、中華民国［台湾］など五ヶ国が掃海等で国連軍に協力）と北朝鮮軍およびこれをバックアップする中国の人民義勇軍、ソ連の「義勇兵」との間の三年間におよぶ戦争が開始されることになった。

第二次大戦終結後間もなく開始された東西陣営の「冷たい戦争」は、朝鮮戦争という「熱い戦争」となってついに爆発したのである。

朝鮮半島への移動のためキャンプ座間に結集した米軍トラック　1953年　米国国立公文書館蔵

七月一日、米陸軍（日本占領軍）が釜山に上陸、七日国連安保理は米国による国連軍指揮を決定した。翌日トルーマン大統領は、連合国軍最高司令官マッカーサー（米極東軍総司令官を兼務）を国連軍最高司令官に任命、二五日東京に国連軍司令部が開設された。

後方中枢基地相模原

朝鮮戦争の勃発後間もなく、第八軍司令部（司令官ウォルトン・H・ウォーカー中将）は横浜からキャンプ座間に移動した。

同軍司令部は、一九五〇（昭和二五）年七月一二日に朝鮮半島の大邱に移動するが（さらに五三年八月ソウル・竜山に移動）、キャンプ座間及びキャンプ淵ノ辺は朝鮮半島に送られる米地上軍部隊の集結地として、あるいは帰還した部隊の再編成地もしくは米本国への帰還準備地として重要性を増すことになった。

また、キャンプ座間には防空通信センターなどの防空設備も整備され、朝鮮半島に移動する、あるいは朝鮮半島から帰還した地上軍戦闘部隊の司令部が一時的に置かれることもあった。

なお、キャンプ座間発足以来、キャンプに置かれた最大組織あるいは部隊の司令部がキャンプの司令部としての業務を担当し、その組織・部隊の司令官がキャンプ司令官を兼務していたが、五〇年七月に第八騎兵連隊が朝鮮半島に移動した後は、駐留部隊の司令部とは別にキャンプ司令部が置かれるようになったと考えられる。

たとえば、五一年一一月の米軍の『電話帳』（原英文、米国国立公文書館蔵）には、当時キャンプに駐留していた最も大きな部隊である第三四歩兵連隊戦闘団とキャンプ座間司令部が別組織として並記されている。朝鮮半島に移送されるため、戦闘部隊の長期駐留がなくなったこと、後方基地、兵站基地としてのキャンプ座間の組織強化が必要とされたためであろう。

役割が拡大したのは、キャンプ座間とキャンプ淵ノ辺だけではなかった。

四九年一二月に開設された横浜技術廠相模工廠は、米陸軍の工場として、二四時間体制で業務を遂行し、五一年には敗戦後賠償指定されていた小倉製鋼淵野辺工場を接収、工廠の一部とした。

第一二八衛戍病院の移動後、旧日本陸軍相模陸軍病院跡地に入った第一四一衛戍病院は、朝鮮半島から傷病兵の受け入れ病院の一つとなったが、傷病兵を移送する車輌の往来が激しく路面の損耗が著しい為、同病院長が「直接相模原町長に対し書簡を送り、大至急右道路の修築を強硬に要求」（横浜連絡調整事務局「ＹＬＣＯ執務報告第六十七号」）する程であった（結局、改修は「占領軍の経費」で実施）。

朝鮮戦争の勃発により、相模原の米軍基地や施設は、国連軍（米軍）陸上部隊の後方中枢基地としての様相を呈するようになったのである。

ところで、周知の如く、朝鮮戦争は日本に特需景気をもたらし、日本の経済復興のきっかけとなった。朝鮮戦争の期間、日本国民の多くは「朝鮮特需」を謳歌した。

しかし、米軍は東側陣営の日本本土侵攻を強く懸念しており、「非常事態」に備えていた。たとえば、前節で述べたように、戦争開始以前より日本国内各地の米軍基地には、高射砲部隊が配置されていた。

また、五二年七月二一日から二三日までの三日間全国の米軍基地において防空演習が実施され、神奈川県下でも「藤沢、相模原、戸塚、保土ケ谷、愛甲郡一帯」において、厚木航空基地保安部指導のもと、二一日午後八時から一時間に渡って防空訓練が実施された。この時には、「地域内の大きな灯火は区域市街の外郭を露出せしめる」危険性があり、これを避けるために「消灯」するようにとの依頼が、米軍側から自治体に出されている（『神奈川新聞』一九五二年七月二〇日）。

「オペレーション・ブロンコ」
米国国立公文書館蔵

また、五二年一〇月六日から一一月一日にかけては、キャンプ座間において、「化学・生物学・放射能兵器の基本原理について、それら兵器の物理的・生物学的・放射能による影響力、ならびに化学・生物学・放射能の攻撃が起きた場合の人的障害や物理的被害を最小限にくい止める」（キャンプ座間司令部「訓練指示第19号」前掲『相模原市史』現代資料編）ための化学・生物学・放射能兵器に関する教育訓練がキャンプ内の米兵全員に施されている。

さらに、五三年一月には、辻堂・茅ヶ崎海岸（米軍名チガサキ・ビーチ）において、第二上陸支援旅団（第二ASB旅団）が中心となった上陸演習「オペレーション・ブロンコ」が実施された。第二ASB旅団は五〇年九月に実施された仁川上陸作戦にも参加した部隊であり、「オペレーション・ブロンコ」は東側諸国に日本が侵攻・占領された場合を想定しての日本の奪還演習であった。

この「オペレーション・ブロンコ」の作戦計画書には、確保すべき重要地点として「厚木飛行場」、「厚木市街」の名が挙げられているが、ここで言う「厚木市街」とは、厚木市（当時は町）のことではなく、厚木飛行場を取り囲む地域、すなわち大和、綾瀬、厚木、そして相模原及び座間（座間町は一九四八年に相模原町から分離）、と見なすべきであろう（栗田尚弥編『米軍基地と神奈川』）。

仁川上陸作戦の成功により、国連軍は、一度は北朝鮮の首都ピョンヤンを占領する勢いを示した。しかし、中国人民義勇軍の援軍を得た北朝鮮軍は再び反攻に転じ、右防空演習が実施された当時には、戦線は北緯三八度線を境に膠着状態にあった。同年九月には、まだ蜜月期間にあったソ連と中国は「共同コミュニケ」を発表し、西側陣営に対する連繫を強化している。

朝鮮情勢は日本にとって、そしてキャンプ座間をはじめいくつも米軍後方・兵站基地を抱える相模原町（現、市）及び座間町（現、市）にとって予断を許さない状況にあったのである。

朝鮮戦争と米兵の犯罪

占領開始直後頻発した米軍兵士による不法行為は、進駐が一段落する一九四五年暮れ頃になると、相模原町内でも大分少なくなってきた。しかし、朝鮮戦争が勃発する前年の四九年頃から米兵の不法行為は再び増加傾向に転ずることになった。

これは米軍の基地や施設を抱えた神奈川県下の自治体一般に言えることであるが、複数の米軍基地や施設を抱えた相模原、座間両町周辺は「進駐軍関係事件の最も頻繁」（『ＹＬＣＯ執務報告』第五十八号）な地方となった。一九五〇（昭和二五）年四月、小林與次右ヱ門相模原町長らが内山県知事宛に提出した「陳情書」によると、同年一月初頭から三月中旬までの間、相模原町内で発生した米兵がらみの犯罪事件は四八件にのぼった（同書）。

また、座間町警察署の「警察沿革史」（前掲『座間市史』4）によれば、、四九年七月から一二月にかけて座間町警察署管内で発生した占領軍（米軍）による不法行為は同署が把握しただけで、強姦及び同未遂三件、暴行傷害二一件（内、二件はのちに被害者死亡）、強奪一四件、窃盗二一件、器物毀棄一一件、窃盗未遂二件に及んでいる。

座間町警察署の「沿革史」に、「（キャンプ座間駐屯部隊が）昭和二十四年七月米第七〇高射砲集団（黒人部隊―原注）と交代駐屯するに至り黒人部隊となるや月を経ずして町民に対する不法行為頻発し」とあるように、これらの犯罪行為の多くは第七〇対空砲兵群麾下部隊の黒人兵によって引き起こされた。

一八六二年、リンカーン大統領の時代に奴隷解放令が出されたとはいえ、一九六四年に公民権法が制定されるまで、米国ではアフリカ系米国人に対する法的差別が残っていた。アフリカ系米国人は社会的にも蔑視されることが多く、軍隊もその例外ではなかった。第七〇対空砲兵群司令部の「履歴レポート」（前出）は、同部隊内では「（白人兵と黒人兵が）平等になるように努力」がなされ、「充分成果があがった」と記しているが、こう記さねばならないこと自体が既に部隊内に差別が存在したことを裏付けている。多発する黒人兵による不法行為の背景には、社会的弱者のさらなる弱者（被占領者）への抑圧の移譲という側面があったのである。

この第七〇対空砲兵群兵士の多発する不法行為に対しては、地元警察や消防団員による特別警戒が実施され、米軍側もＭＰによる二四時間体制のジープ巡邏や第七〇対空砲兵群司令官以下将校による巡視を実施、その結果五〇年三月下旬になると米兵による犯罪は激減した。また、五〇年五月には第七〇対空砲兵群も移動し、米軍基地・施設の周辺の治安はしばしの間小康状態を保つことになった。

しかし、同年六月に勃発した朝鮮戦争により事態は再び悪化する。キャンプ座間をはじめとする相模原町内の米軍基地・施設は後方・兵站基地として重要性を増し、朝鮮半島から引き揚げてくる、あるいは朝鮮半島に向かう多くの米軍兵士が相模原・座間地区に入ってくることになったのである。戦場で直面するであろう死への不安やあるいは死から解き放たれたゆがんだ解放感は、時として兵士を人種に関係なく無軌道な行動へと走らせた。その結果、相模原や座間での米軍兵士による不法行為は再び増加することになり犯罪の種類も、殺人、婦女子への暴行、強盗といった凶悪犯罪の比率が高くなった。五三年七月、朝鮮戦争は休戦となるが、相模原や座間周辺での米兵の不法行為は、朝鮮戦争中ほどではないにしても、なくなることはなかった。

このような米兵の犯罪に対しては、キャンプ座間の米軍ＭＰが取り締まりに当たったが、人員数的に限界があり、また「日米行政協定」（一九五二年～六〇年）やそれを引き継いだ「日米地位協定」（六〇年～）によって保護された米兵の無軌道な行動を地元警察が取り締まり、犯罪を未然に防ぐことは容易なことではなかった。

4 安保条約と基地の恒久化

日米安全保障条約

朝鮮戦争の勃発は、アチソン国務長官言うところの「日本を同盟国として勝ち取ることを目指した平和条約」締結への動きを加速させた。

一九五〇（昭和二五）年一二月四日、トルーマンはワシントンにおいて、英首相アトリーと会談、「共産地域外のアジアを強化する方法」の第一に、「日本にかなりの自治を復活させる。日本の講和会議締結を促進する。日本の自衛力を強化する。自由世界の能力を強化するため、日本の生産能力をもっと使うようにする。日本の国際機関への加入を促進する」（加瀬俊一・堀江芳孝訳『トルーマン回顧録』2）を掲げ、アトリーの了解を得た。

さらにトルーマンは、翌五一年一月一三日、マッカーサー宛の電文において、「アジア大陸との関連において、（米国は）日本の講和条約を満足なものにし、かつ講和条約後の日本の安全に大いに貢献する」（同書）ことの必要を説いた。

このトルーマンのマッカーサー宛の電文の約八ヶ月後の九月四日、サンフランシスコにおいて対日講和会議（サンフランシスコ講和会議）が開催され（～八日）、八日会議に出席した五二ヶ国のうち日本を含む四九ヶ国が対日平和条約に調印した。翌年四月、同条約の発効にともない、日本は「独立」を回復した。

サンフランシスコ講和条約調印式　1951年9月

しかし、インド、ビルマ（現、ミャンマー）、ユーゴスラヴィアの三国は講和会議への出席を拒否し、ソ連、チェコスロバキア、ポーランドは出席はしたものの署名を拒否した。また、中国は招請すらされなかった。

サンフランシスコ講和条約は、日本を「東洋のスイス」にするための条約ではなかった。かつてジョージ・ケナンが予見したように、講和条約は「日本を合衆国の恒久的な軍事同盟国に変える取り決め」であり、「アメリカ軍による日本列島の無期限にわたる継続的な使用（すなわち基地の恒久化―引用者注）を規定」したものであった。

日本本土の米軍基地の恒久化は、朝鮮戦争勃発と同時に確定したと言ってよい。朝鮮戦争以前、日本本土の米軍基地の恒久化に反対する人々は、少数ながら米政府内にも存在した。しかし、朝鮮戦争の勃発は、「アメリカ軍の日本駐留こそこの地域の未来の安全にとって絶対必要であるという見解に、いままでそれに反対であった人々をすべて転向させてしまった」（前掲『ジョージ・F・ケナン回顧録』上）のである。

右の五一年一月一三日付のマッカーサー宛電文のなかで、トルーマンは「現在の世界の状況にあっては、極東軍が日本その他の防衛の有効な兵力として保存されなければならない」（前掲『トルーマン回顧録』2）とも述べている。この電文から間もなく、国務省政策顧問ジョン・フォスター・ダレスが来日、講和条約に向けて日米交渉が開始された。

交渉に先立ちダレスは、最初のスタッフ会議において、「われわれは日本に、われわれが望むだけの軍隊を、望む場所に、望む期間だけ駐留させる権利を確保できるだろうか、これが根本問題である」（孫崎享「日米関係の実相―終わらない『占領』」、孫崎享・木村朗編『終わらない〈占領〉―対米自立と日米安保見直しを提言する！―』）と述べた。

サンフランシスコでの講和条約調印式と同日、日本全権吉田茂は、この米軍基地恒久化ラインにそったもうひとつの条約に署名した。「日本国とアメリカ合衆国との間の安全保障条約」（日米安保条約）である。そして、この安保条約によって、日本が「独立」を回復し連合国軍（占領軍）が解散された後も、米軍は連合国軍の一員としてではなく、アメリカ合衆国の軍隊として日本に駐留することになったのである。

ちなみに平和条約・日米安保条約締結の約一年前の一九五〇年八月には、マッカーサーの要請により、警察予備隊（のちの自衛隊）が発足していた。マッカーサーは、「武器や弾薬を韓国軍に与えるよりも、新しく編成される日本の警察予備隊に供与する方が有効だろうと確信」（前掲『トルーマン回顧録』2）していたのである。

日本は「独立」と引き替えに、米国の同盟国として米極東戦略の一翼を担うことになったのである。

五二年二月二八日、日米安保条約に基づき、東京において「日本国とアメリカ合衆国との間の安全保障条約第三条に基づく行政協定」（日米行政協定）が締結され、連合国軍による接収財産は、同年四月の平和条約及び安保条約の発効にともない日本から米軍側への提供財産に切り換わることになった。

そして、日米行政協定調印の際に、岡崎勝男外務大臣とラスク特別代表（後に国務長官）の間で交換された岡崎・ラスク交換公文にもとづき、財産切り換え作業を実施するため、日米双方の人員からなる予備作業班が発足した。

同作業班の出した結論は、学校、図書館、社交場などの軍事的に価値の低い施設は日本側に返還するとしながらも、旧日本軍施設で連合国軍（主として米軍）に接収されていたものの多くを返還対象からはずすというものであった。これら返還対象外の施設は、日本の「独立」後在日米軍の施設としてより一層の充実化が図られることになる。

同年七月二六日、外務省告示第三四号によって「日本国とアメリカ合衆国との間の安全保障条約第三条に基く行政協定第二条により在日合衆国軍に提供する施設及び区域」が明らかにされた。厚木飛行場、横須賀海軍施設、キャンプ・マックギルなど連合国軍（占領軍）時代から米軍に使用されてきた神奈川県下の施設・区域の多くも、そのまま「無期限使用」に供されることになった。一九五二年七月二七日付の『神奈川新聞』によれば、「（五二年）二月一日現在、県下の接収総面積は土地一千四十七万八千七百九十二坪、建物八十二万六百五十六坪であったが、二月一日から七月二十五日までの間に土地三十二万三千八百四十三坪（三％強）建物五万四千四百八十七坪（六・六％）が解除されたのみで、今後引き続き接収土地の八三％、建物の七〇％が無期限使用、土地の一一％、建物の二〇％が一時使用されることにな」（前掲『相模原市史』現代資料編）ったのである。相模原・座間地域でもキャンプ座間、キャンプ淵ノ辺、横浜技術廠相模工廠など六ヶ所が「無期限使用」となり、その他相模工廠淵野辺工場（元小倉製鋼淵野辺工場）が「一時使用」施設となった。

なお、進駐当初、占領軍が使用した旧日本軍軍用地は約四万五五五〇ヘクタールだったが、朝鮮戦争中に米軍による土地接収が行われ、日本の「独立」時には、一三万五二六三ヘクタールにものぼっており、「独立」回復後も拡張要求は大きかった（林博史『米軍基地の歴史―世界ネットワークの形成と展開―』）。相模原においても、横浜技術廠相模工廠の拡張にともない、「旧陸軍造兵廠柵外地区」が再接収されることになり、そこを農業耕作地としていた人々の怒りを買った（『神奈川新聞』一九五二年六月二五日）。

「望むだけの軍隊を、望む場所に、望む期間だけ駐留させる」という米国の方針は、日本の「独立」後直ちに相模原において実施されたのである。

日本防衛の中枢

米軍の基地や施設の恒久化は、日本が「アジアにおける米国の不沈空母的存在」となったことを意味していた。そして、日本の「不沈空母」化は、同時に相模原が「日本防衛基地の中枢」となること意味していた。

一九五二（昭和二七）年三月二一日付の『神奈川新聞』は、日本の「不沈空母」化、相模原の「日本防衛基地の中枢」化について次のように論じている。

アメリカの一新聞記者は、日本はアジアにおける米国の不沈空母的存在であるといった。

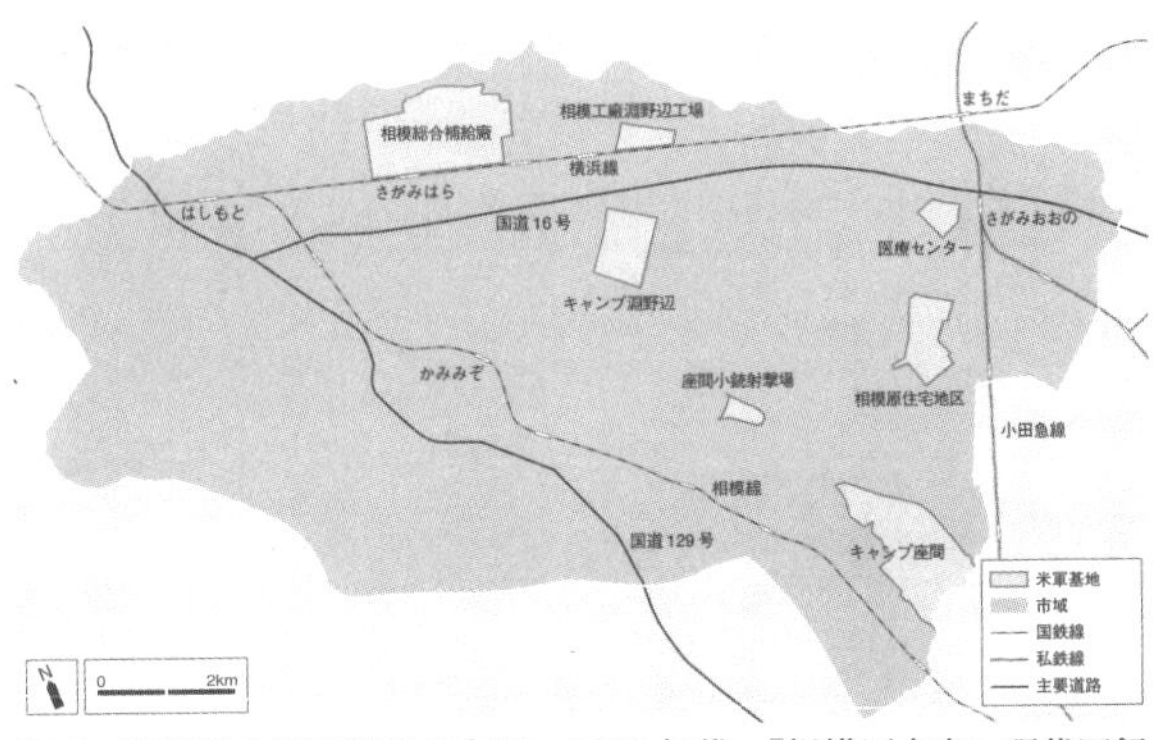

図6　相模原の米軍施設分布図　1950年代　『相模原市史』現代図録編より転載

キャンプ座間全景　1954年3月　米国国立公文書館蔵

この不沈空母の作戦主軸は首都東京を中枢とする関東地区に定められたのはすでに行政協定で明らかにされたところである。総司令部をはじめ陸、海、空軍司令部、補給司令部通信本部などは旧陸軍省所在地〝市ヶ谷台〟へ、そしてこれら極東米軍の中央機構をとり巻く外郭防衛線上に浮び上ったのが海軍基地の横須賀であり、陸軍の相模原基地、さらに空軍の立川である。また京浜工業地帯の軍需物資生産力からみて、これら三大基地は米軍駐留期間中は不動のものとみていゝだろう。

――中略――

このような諸般の情勢から推察して、相模原が日本防衛基地の中枢として本格的な活動に入るのは、早くても明年の春か夏ごろからではないかというのが事情通の観側(ママ)であるが、いずれにしろ今後の相模原は、その実情に多少の差はあろうが、本質的には米軍駐留期間中は不動の兵たん基地であることは間違いないであろう。（前掲『相模原市史』現代資料編）

また、日米行政協定締結の四〇日後、内山岩太郎神奈川県知事は、日米行政協定と神奈川県の関係について、五二年三月一〇日の神奈川県議会本会議の席上、日米安保体制下における神奈川県の位置付けについて述べるとともに、相模原の米軍基地や施設の拡充・拡大の可能性についても触れている。

行政協定の実施に伴い接収解除の問題が現実化するが、県はどういう変化が起こっても結局橋頭堡というかたちになり、陸海空軍あらゆる面で日米関係の上に重要な地点となることはまぬがれず、またこれを拒否すべき理由はない。ただこの場合できるだけ抵抗の多いところを去って、少ないところに移る、いいかえれば経済的により重要なところから、比較的重みの少ないところに移行することが望ましい。しかし横浜から他に移るにしてもその行先で拒否すれば行政協定は実施に移せない。具体的にいうと横須賀の接収は従来通り或いはそれ以上になるかも知れ(ママ)ない。横浜地帯はできる限りこゝを去って、座間、相模原方面に移ることになると思う(『神奈川新聞』一九五二年三月一一日)。

先に述べたように、トルーマン米大統領は、「極東軍が日本その他の防衛の有効な兵力として保存され」ること(基地の恒久化)も説いたが、「自由世界の能力を強化するため、日本の生産能力をもっと使うようにする」ことも主張した。

横浜は京浜地帯、否、日本でも有数の工業都市、商業都市、港湾都市である。「日本の生産力」を高めるためには、横浜の経済都市としての発展は必要不可欠であった。だが、横浜の経済発展のためにはどうしても取り除かなければならない足かせがあった。市の中心部や要衝に存在する米軍の基地や施設である。しかし、日本の「不沈空母」化、神奈川県の「橋頭堡」化を進めて行こうとするならば、横浜の米軍基地や施設は存続させる必要があった。

この矛盾を解消するために出てきたのが、横浜市内の米軍施設の集約化と他地域への移転である。集約化というのは、市内各地に散在していた施設のうち、その役割を終えたものやあまり重要でないものを、文字通り集約することであり、移転とは県内の横浜以外の地域に移すことである。

そして、その移転先として、目を付けられたのが、キャンプ座間などすでにいくつもの米軍施設があり、広大な土地と労働力の入手が見込める相模原と座間であった。

安保条約発効後、相模原と座間は、横浜の基地機能をも引き受ける形で「日本防衛基地の中枢」となっていくのであった。

キャンプ座間に極東陸軍司令部

ここで、「日本防衛基地の中枢」化の実体を、キャンプ座間とキャンプ淵ノ辺を例に、簡単に見ておこう（以下本書での在日の米陸軍部隊の履歴は、米国国立公文書館が作成した*AD-MINISTRATION HISTORY*、同館に所蔵されている各部隊の部隊史、各部隊のホームページ等にもとづく）。

一九五〇（昭和二五）年八月二五日、第八軍の兵站業務を担当する在日兵站司令部が横浜に組織された。同司令部は、五一年一月一三日在日兵站／第八〇〇〇部隊司令部（ＨＱ・ＪＬＣ

／8000AU、日本側は、通常在日兵站司令部と呼称）に再編成され、この名称の下、補給、病院業務、各種スペシャル・サーヴィス、韓国における国連軍や米軍の活動の支援等の業務に任ずることになった。

五二年六月七日、同司令部は、主要七部門の横浜からキャンプ座間への移転を発表した。ただし、米軍は、同年二月に米兵の失火による火災で焼失した旧陸軍士官学校学生隊校舎五棟の跡地にキャンプ座間の新司令部を建設する計画を立てており（七月工事着工）、在日兵站／第八〇〇〇部隊司令部の移転は新司令部完成後とされた。

しかし、太平洋戦争中の太平洋陸軍総司令部の編成（四五年六月）にともない活動を休止していた極東米陸軍司令部が、五二年一〇月に米極東陸軍司令部（HQ・AFFE）として極東軍のもとに再編成されると、在日兵站／第八〇〇〇部隊司令部の業務と人員の全てが極東陸軍司令部に引き継がれることになった。

極東陸軍は、横浜の税関ビルに司令部を置いたが、キャンプ座間の司令部庁舎完成後は、横浜からキャンプ座間に司令部を移転することになった。

五三年一月一日、極東陸軍司令部は、極東米海軍（NAVFE）、極東空軍（FEAF）とともに極東軍麾下の主要司令部に位置付けられ、朝鮮半島、日本、沖縄の米陸軍を管理するものとされた。この時極東陸軍司令部は、前進梯団と主要梯団に再編成された。

前進梯団は、極東陸軍司令官ジョン・E・ハル大将（極東軍総司令官を兼務）と副参謀長の他、五つの一般参謀部と二つの特別参謀部から選ばれた要員によって構成され、東京の極東軍司令部近くのパーシング・ハイツにオフィスを置いた。一方主要梯団は、副司令官と参謀長、五つの一般参謀部、二〇の特別参謀部及び会計監査官から成り、横浜税関ビルに留まった。

建設中のキャンプ座間司令部庁舎　1952年8月　米国国立公文書館蔵

五三年夏、キャンプ座間司令部庁舎（通称、リトルペンタゴン）が完成すると、一〇月極東陸軍司令部の主要梯団は、この司令部庁舎への移動を開始、同年末には全ての移動作業を終了した。

五四年一一月、韓国にあった第八軍司令部が再び座間に移転、極東陸軍司令部はこの第八軍司令部と合体し、極東陸軍／第八軍司令部（HQ・AFFE／8A）となり、司令官には第八軍司令官のマクスウェル・D・テイラー大将が就任した。この時、東京に置かれていた極東陸軍前進梯団のオフィスも閉じられ、極東陸軍／第八軍司令部の全機能がキャンプ座間に集中された。

工兵関係の部隊が配置されることが多かったキャン

プ渕ノ辺には、在日米軍の長距離通信業務等を担当する、在日信号役務大隊司令部（別名第八〇四七部隊）が置かれ、五二年～五三年頃には、国家安全保障局（ＮＳＡ）在日太平洋事務所が開設された。

国家安全保障局は、国家情報長官によって統括される国防総省直轄の情報収集・分析機関であり、朝鮮戦争中の五二年一一月にトルーマン大統領の命によって設立された。その任務は、全世界二〇〇〇ヶ所以上に配置された電波傍受基地を通じて得た暗号などの電波情報、通信情報を分析することにあり、いわば電波専門のＣＩＡである。キャンプ渕ノ辺には、同局在日太平洋事務所のアンテナ（電波傍受用か）がキャンプを取り囲むように建設されたという。

「日本防衛基地の中枢」化と自治体財政への負担

このようなキャンプ座間の「日本防衛基地の中枢」化は、相模原町（一九五四年に市政施行）や座間町の財政に大きな影響を及ぼすことになった。

何故なら、道路の整備、環境浄化対策、進駐軍労務者住宅の建設、上下水道の整備、米兵の違法行為や風紀上の問題への対策など、「司令部の町として恥ずかしくない繁栄と発展を期待するには画期的な施策」（座間町長稲垣俊夫「（在日米陸軍司令部移駐に関する）対策協議会開催について」一九五三年八月、前掲『座間市史』４）が必要とされたからである。

わけても、道路の整備は喫緊の課題であった。相模原や座間では、在日米陸軍司令部移駐以前から米軍車輌や米軍関係者が運転する車による事故が三日に一件の割合で発生しており、またキャンプ座間の整備工事用の車輌がまき散らす砂塵による農作物被害も深刻であった。そして司令部の移駐は、道路事情をさらに悪化させた。

本町（座間町—引用者注）は駐留軍相模原住宅地区と、厚木海軍航空基地の中間にある関係からこの住宅地区から航空基地え（へ）将校、下士官等の通勤或は連絡のため県道を迂廻（回）せず町村道の近道を自動車の往来はげしく、又町内に司令部に引水している水道の水源があるためその間の連絡の自動車の往復がはげしい。御承知のように町村財政の乏しさから全部砂利道であり然もその砂利も充分敷き得ないため二、三日雨の続く場合はたちまち泥寧（濘）道路となつて仕舞い、一般通行甚だしく阻害されるため多量の砂利敷を必要とされている。（座間町「（司令部移駐にともなう）財政措置要望書」、同書）

しかし、当時の相模原町（市）や座間町は、中学校の増築、公営住宅の建築など自治体としてのインフラ整備の必要にも迫られており、「画期的な施策」を実施するだけの自己財源を持たなかった。その上、シャープ勧告に基づく昭和二五年度の地方税改正以来、市町村税として占領軍（米軍）からも徴収できた電気料金も、五二（昭和二七）年四月の「日本国とアメリカ合衆国との間の安全保障條約第三條に基く行政協定の実施に伴う地方税法の臨時特例に関する法律」により、米軍に対しては電気ガス税を賦課することができなくなった。

当時の相模原町や座間町にとって米軍からの電気料は、貴重な財源であった（たとえば座間町の場合、町民税、固定資産税に次ぐ税収であった）。「地方税法の特例に関する法律」は町財政を直撃したのである。要するに、「司令部の町として恥ずかしくない」「画期的な施策」を実施することは、相模原市（町）や座間町にとって大きな財政負担を伴うものだったのである。

当初、米軍施設を抱える市町村に対しては、財政的な援助策は何等なされなかったが、各自治体が要望書の提出や陳情を繰り返した結果、五七年五月に「国有提供施設等所在市町村助成交付金に関する法律」が成立、相模原市や座間町もこれの適用を受けることになった。

また、昭和四五年度からは基地外に居住する米軍軍人・軍属やその家族（日本人同様、水道、ゴミ・屎尿処理などの公共サービスを受けている）への非課税措置による税収減や財政需要の増大に対する補塡措置として、「施設等所在市町村調整交付金」が支給されることになった。

五章　新安保条約と相模原・座間の米軍基地・施設

在日米陸軍医療本部全景　1950 年代　『相模原市史』現代図録編より転載

1　ニュールック戦略の始動

アイゼンハウアーとニュールック戦略

一九五三（昭和二八）年一月二〇日、米国大統領に就任したドワイト・D・アイゼンハウアーは就任演説において、膠着状態にある朝鮮戦争を終結させることを約束した。同年七月二七日北緯三八度線付近の板門店において、国連軍と北朝鮮軍および中国人民義勇軍との間で休戦協定が結ばれた（事実上の終戦）。

だが、アイゼンハウアーを待っていたものは、戦時中の軍事費拡大を原因とする膨大な財政赤字であった。アイゼンハウアーは、米国財政健全化の為に、軍の大幅な再構築（本来の意味でのリストラ）に乗り出した。

アイゼンハウアーがまず実施したのが、国防総省（ペンタゴン）の機構改革である。第二次大戦中ヨーロッパ戦線において連合国軍最高司令官（元帥）をつとめたアイゼンハウアーは、大戦後は米陸軍参謀総長、NATO軍最高司令官を歴任した。彼は、その「経験」から「三軍それぞれの研究や開発、調達、ときにはその役割、使命においてさえも重複する部分がかなりある」ことを知っており、「こうした軍部の浪費、重複をはぶくためには、ある程度のペンタゴン（国防総省）の機構改革が望ましい」いと考えていた（仲晃・佐々木謙一訳『アイゼンハワー回顧録』1）。

大統領就任早々、アイゼンハウアーは、チャールズ・E・ウィルソン国防長官が設置した研究委員会の報告に基づき、「（1）責任体系を明確にし文官の支配を強化する。（2）荷やっかいな部局、委員会を廃止し、代わりに責任の重い行政官をあてることによって国防総省の事務手続きを改善する。（3）戦略計画のための機構を作る」の三つの基本目標からなる、機構改革に着手した（同書）。ウィルソンは経済人（GM社長）出身であり、企業トップとしての経験が国防総省の機構改革に生かされたとも考えられる。

国防総省の機構改革に次いでアイゼンハウアーが乗り出したのが、膨大に膨れあがった軍事費の削減である。しかし、時代はいまだ東西冷戦下にあり、朝鮮戦争再燃など「熱い戦争」勃発の可能性がなくなったわけではなかった。アイゼンハウアーは米国財政の健全化と東側陣営に対する抑止力の維持という、いわば相反する課題をともに遂行しなければならなかったのである。そして、この二律背反する課題を解決するために、アイゼンハウアーがとった政策が、ニュールック（New Look）戦略で

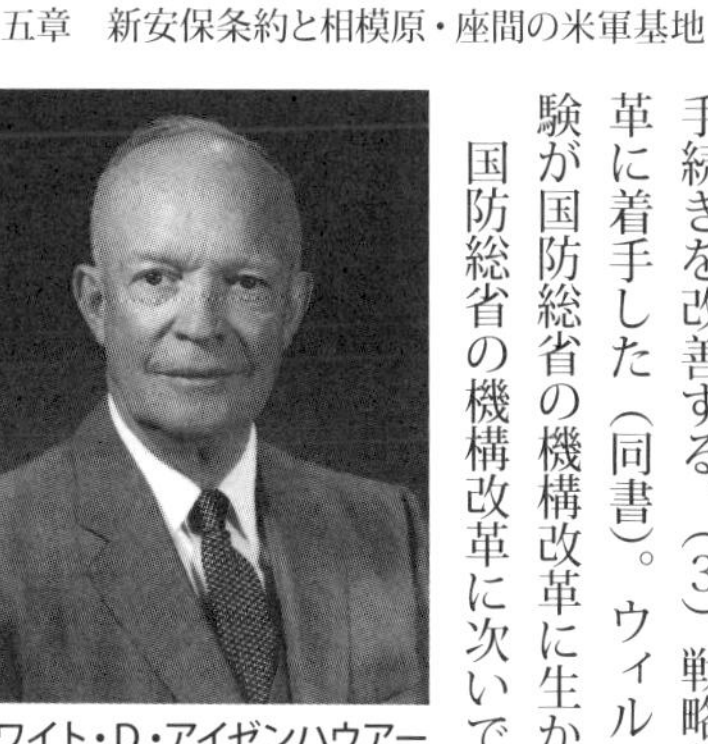
ドワイト・D・アイゼンハウアー

ある。

では、ニュールック戦略とは何か。アイゼンハウアー自身に聞いてみよう。アイゼンハウアーは、「現代の戦闘部隊」を、「兵たん(ママ)支援部隊と対称して」（要するに「兵站部隊を別にして」ということ―引用者注）、「大規模な核攻撃によって敵の瞬間的破壊を主たるねらい」とする核報復・攻撃兵力（ストライク・フォース）、「地域における同盟諸国の防衛を支援」する海外派遣兵力（主として陸軍、戦術空軍）、「主として海軍、海兵隊」からなる「緊急時に航路を確保する兵力」、「米国を空襲から守る兵力」、「予備兵力」の五つに分類した上で、次のように述べている。

> こうしたそれぞれの使命を銘記(ママ)したうえで初めてニュー・ルックを定義することができよう。すなわち、これはまず第一に、兵力の五つの種類の間で資源を再配分することであり、第二に、改良された核兵器の抑止力、破壊力や運搬手段、有効な防空部隊に以前にもまして力点を置くことである。
>
> このほか現役の戦闘部隊は、海外派遣部隊、航路維持部隊をも含めて近代化し、最大限の機動性、有効性を維持することになっていたが、数は次第に減少していった。米国内での予備軍の確保も、重要なことではあったが優先的には扱われなかった。

ニュー・ルックによって関係兵員にも新しい外観が必要となった。これは必ずしも容易に達成はできなかった。というのは、再編成の結果空軍が増え、逆に主として陸軍が大幅に減少となり、海軍も減ったのである。（同書）

要するに、ニュールック戦略とは、抑止力としての効果が大きく、かつ戦争勃発時には一撃で敵に大きな打撃を与える核兵器（大陸間弾道弾ＩＣＢＭなど）および核攻撃力を持った兵器（超音速戦略爆撃機Ｂ58など）の開発と配備を進め、一方で通常戦闘部隊戦力（特に陸軍）の合理化（削減と近代化、配置転換）を進めるというものであった。

五四年一二月上旬、アイゼンハウアーをはじめ関係者が、ホワイトハウスの大統領執務室に集まり、ニュールック戦略がスタートした。

ニュールック戦略と相模原・座間の米軍基地・施設

ニュールック戦略は、日本国内の米軍基地や施設にも当然影響を及ぼした。

たとえば、日本の敗戦後、福岡県小倉に駐屯していた第二四歩兵師団は、朝鮮戦争勃発後間もなく朝鮮半島の戦場に投入され、多数の犠牲者を出したのち小倉に戻っていたが、一九五四（昭和二九）年一二月ニュールック戦略がスタートするのとほぼ同時に再度韓国に移動した。

また、キャンプ座間に置かれていた極東陸軍／第八軍司令部も、五五年七月にアイザック・ホワイト大将が新司令官に就任するのにともない、二つに分けられ、本隊が韓国ソウルに移動し、キャンプ座間には後方司令部（HQ・AFEE／8A（Rear））が置かれることになった。

なお、ニュールック政策が開始される約一年前（五三年一一月）にキャンプ座間の敷地の一部一〇万五七一六平方メートルが返還されているが、この返還もまたニュールック戦略との何らかの関連があると思われる。

だが、日本国内の米軍基地や施設が、米軍にとっての重要性を喪失したわけではなかった。確かに、第二四歩兵師団の移転に示されるように、朝鮮戦争後日本国内の米軍戦闘部隊は縮小される傾向にあった。しかし、ニュールック戦略は、戦闘部隊（特に陸軍）兵力の削減を掲げてはいたが、兵站関係は「資源を再配分」する「兵力の五つの種類」の範囲外であった。朝鮮戦争中、日本国内の米軍基地や施設は、後方兵站基地として重要な役割を担った。そして、戦争終結後もこの重要性に変化はなかったのである。

いわば、ニュールック戦略のもとにおいても、後方兵站基地としての日本の重要性は、そして日本に駐留する米陸軍の中心地としての相模原や座間の位置付けは低下することはなかったのである。否、相模原や座間の兵站基地としての機能はむしろ強化されたと言ってよい。

たとえば、横浜技術廠相模工廠は、鉄道引き込み線が敷かれるなど施設の拡充が図られ、五六年には横浜技術廠から独立し、米極東陸軍工兵機材廠となった。

　また、第一四一衛戍病院が置かれていた旧日本陸軍電信第一連隊跡地には、さらに五六年二月、研究機関である第四〇六医学研究所が東京から移駐してきた。同研究所は、風土病などに関して日本の研究者との共同研究も行ったが、生物化学兵器との関連もうわさされた。

　ちなみに、ニュールック戦略では、核による報復力・攻撃力が重視されたが、米極東軍も極東戦域における核戦争計画を策定し、核戦争遂行のための極東軍司令官戦域合同センターを東京の極東軍司令部内に、緊急事態に備えた補助センターを東京都府中市の米空軍基地と横須賀の海軍基地に設けた（『神奈川新聞』一九八五年八月四日）。

2　新安保条約の締結

日米共同声明と米軍の組織変更

アイゼンハウアー政権は、局地的紛争を想定して同盟国への防衛分担要請も行った。この分担要請もニュールック政策同様、米軍事費の削減と東側陣営に対する抑止力の維持という二律背反する課題を解決するためになされたものであり、一九五三（昭和二八）年一〇月には韓国との間で米韓相互防衛条約が締結され、五四年一二月には中華民国（台湾）との間で米華相互防衛条約が締結された。

また、五四年九月には、米国およびオーストラリア、フランス、イギリス、ニュージーランド、パキスタン、フィリピン、タイの間で、反共軍事同盟である東南アジア条約機構（SEATO）が結成されている。

日本も当然、防衛分担政策（再軍備）の対象であったが、当時日本国内では原水爆禁止運動が盛り上がりを見せており、さらに米軍基地反対運動も石川県の内灘村（現、町）、千葉県の豊海町（現、九十九里町）、東京都の砂川町（現、立川市）など日本各地で展開されていた。保守政党を支持する人々の間でも「再軍備」反対の声は多く、アジア諸国やオーストラリアも日本の「再軍備」を懸念していた。さらに、経済復興も緒に就いたばかりであり、その成り行き如何では左翼陣営の勢力拡大も予想された。

アイゼンハウアー政権は日本に対し防衛力の増強を望みつつも、社会状況を考慮し、当面の間「日本の経済力に見合った防衛力増強を行うよう奨励」し、「日本が維持する軍事力の全体の規模と構成は、実際に日本政府が決定する」という政策がとられることになったのである（林博史「基地論―日本本土・沖縄・韓国・フィリピン」倉沢愛子他編『岩波講座　アジア・太平洋戦争7　支配と暴力』）。

しかし、日本国内の状況は日々に変化していた。五五年には保守合同が達成され、一大保守政党である自由民主党（自民党）が結成され、その二年後（五七年）には東条英機内閣の商工大臣であり、戦後は親米路線に転じた岸信介が自民党総裁、総理大臣に就任した。

経済面でも、経済企画庁が作成した『経済白書』（五六年）のなかの「もはや戦後ではない」という言葉が流行語になったように、復興路線の後退はもはやあり得なかった。わずか数年の間に日本は米国の望む防衛力増強が可能な国となっていたのである。

五七年六月二一日、岸信介首相とアイゼンハウアー大統領はワシントンにおいて共同声明を発した。そこには「日米新時代」を強調し、安保条約改定のための委員会の設置、日本の防衛力増強にともなう、在日米地上軍戦闘部隊の撤収を中心とする日本本土にある米軍兵力の大幅削減が盛り込まれていた。この共同声明から間もなく、占領時代以来の米極東軍は廃止され（六月三〇日）、代わって七月一日付けで在日米軍（ＵＳＪＦ）が発足した（司令部は東京府中の府中空軍施設、一九七四年に米空軍横田基地［東京都福生市、立川市他］に移動）。

これまで日本国内にある米軍は通称・総称的に「在日米軍」と呼ばれてきたが、この日極東軍に代わる正式組織としての在日米軍が発足することになったのである（序章参照）。

在日米軍発足の一ヶ月後（八月一日）、国防総省はアイゼンハウアーの命により日本本土からの地上軍戦闘部隊の撤収（海兵隊を含む）を発表した。地上戦闘部隊の撤収は、ニュールック戦略に基づくものであり、日本の防衛力の増強を前提としたものであったが、アイゼンハウアーの次のような配慮も働いていた。

> この事件（一九五七年一月に発生した米兵による日本人主婦射殺事件［ジラード事件］—引用者注）はある一国の軍隊が他の国の領土に駐留するときどうしても避けられないいまさつを再び示したものだった。私はフォスター（ウイリアム・C・フォスター国防次官—引用者注）に、論理的にいってなすべきことは日本からわが軍隊を撤退させることだといった。私としては日本に戦闘師団をとどめておく戦略的必要性を認めなかった。段階的な撤収を始めるのが賢明かもしれないとダレス（ダレス国務長官—引用者注）にほのめかした。その後の会談で私は外国に駐留しているアメリカ軍—どうしても占領軍とみなされがちである—の数を減らす必要を重ねて強調した（『アイゼンハワー回顧録』２）。

岸とアイゼンハワーが共同声明を発した前年の一二月に、日本（第三次鳩山一郎内閣）とソ連の間で日ソ共同宣言が発せられ、サンフランシスコ講和条約発効後も続いていた日ソ戦争状態は終結し、日本とソ連は外交関係を回復していた。その為、日本の国民世論は親ソとはいかないまでも、中立的傾向を強めており、その分、占領終了後も日本に駐留し続け、〈トラブル・メーカー〉となっていた米軍に対する反発を強めていた。

ちなみに、国防総省による地上部隊撤収発表の直前（七月八日）、東京都の立川市および砂川町にあった米空軍立川航空基地（立川飛行場）の拡張に反対するデモ隊の一部が同基地に立ち入るという事件が発生している（砂川事件）。

アイゼンハウアーは、占領の象徴とも言うべき地上軍戦闘部隊を撤収させることにより、日本国民世論の反米化、親ソ化を防ぐことも考えていたのである。なお、日本本土から撤収した海兵隊は、五七年暮れまでに沖縄に移駐した。

キャンプ座間の組織変更

岸・アイゼンハウアー共同声明は、キャンプ座間の米軍組織にも影響を及ぼした。共同声明が出された当時、極東方面の米地上軍を統括していたのは、ソウルの極東陸軍／第八軍司令部であり、キャンプ座間にはその後方司令部が置かれていた。

しかし、この共同声明が出された一〇日後（一九五七〔昭和三二〕年七月一日）、極東陸軍／第八軍司令部のうち極東陸軍司令部の部分はキャンプ座間の後方司令部とともに活動停止となり、その役割はハワイに司令部を置く太平洋陸軍司令部（HQ・USARPAC）（マッカーサー時代の太平洋陸軍とは別の組織）に統合され、第八軍司令部は太平洋陸軍の麾下に入った。

同日、在日米陸軍司令部（HQ・USARJ）が太平洋陸軍麾下で新設されたが、ただちに極東陸軍／第八軍後方司令部の残された部分、すなわち第八軍後方司令部と合体、さらに国連軍後方司令部とも合体し、在日米陸軍／国連軍・第八軍後方司令部となった。ただし、人員及び装備は、極東陸軍／第八軍後方司令部のそれがそのまま引き継がれた。ソウルにあった極東陸軍／第八軍司令部の本隊も、組織としての極東陸軍が活動停止となり、その役割が太平洋陸軍に包含されただけであり、極東陸軍／第八軍司令部の人員と装備は、そのまま第八軍司令部（ソウル）にとどまった。

　朝鮮戦争時に独立の司令部となったキャンプ座間司令部も、やはり五七年七月一日に独立の司令部であることを停止し、在日米陸軍司令部（この当時は在日米陸軍／国連軍・第八軍後方司令部）の兼務するところとなった。

　また、旧日本陸軍造兵廠にあった米極東陸軍工兵機材廠は、極東陸軍司令部の活動停止と在日米陸軍司令部の新設を受けて、この年在日米陸軍総合補給廠（ＤＧＪ）と名称を変更した。

　その後、五九年三月、極東陸軍司令部／国連軍・第八軍後方司令部は三つに分離し、それぞれ独立の司令部となったが、在日米陸軍司令部は、同年七月第六兵站コマンド司令部と合体、一時在日米陸軍／第六兵站コマンド司令部となった。独立の司令部となった国連軍後方司令部は、その後もキャンプ座間に置かれ、二〇〇七（平成一九）年一一月になって横田基地に移動した。

なお、在日米陸軍は、太平洋陸軍の行政的管轄下にあるが、作戦統制については、在日米軍司令官を通して太平洋軍司令官（七章参照）が行使する、とされた（梅林宏道『在日米軍』）。

新安保条約の締結と相模原・座間の米軍基地・施設

一九六〇（昭和三五）年一月一九日、ワシントンにおいて「日本国とアメリカ合衆国との間の相互協力及び安全保障条約」（新安保条約）が締結された。

五一年に締結された旧安保条約では、米国による日本防衛義務は曖昧であったが、新安保条約では、「日本国の安全に寄与し、並びに極東における国際の平和及び安全の維持に寄与するため、アメリカ合衆国は、その陸軍、空軍及び海軍が日本国において施設及び区域を使用することを許される」（第六条）と、米国の日本防衛義務を明確化していた。

その一方「締約国は、個別的に及び相互に協力して、継続的かつ効果的な自助及び相互援助により、武力攻撃に抵抗するそれぞれの能力を、憲法上の規定に従うことを条件として、維持し発展させる」（第三条）とあるように、日本の防衛力の増強と日米の同盟関係のより一層の強化が盛り込まれていた。新安保条約の締結により日本は米国の同盟国として、より一層の「自衛力」の充実を求められるようになったのである。

なお、旧安保条約では、「この軍隊（日本に駐留する米軍―引用者注）は、極東における国際の平和と安全の維持に寄与し、並びに、一又は二以上の外部の国による教唆又は干渉によって引き起された日本国における大規模の内乱及び騒じょうを鎮圧するため日本国政府の明示の要請に応じて与えられる援助を含めて、外部からの武力攻撃に対する日本国の安全に寄与するために使用することができる」（第一条）とあるように、日本に駐留する米軍は、極東有事の際にも出動するものとされていた。日本側は、安保条約改定交渉の過程で、この「極東条項」の削除を模索したが、結局（多分米側の反対により）、新条約の第六条（上記）に「極東条項」は生かされることになった。

ただし新条約締結後の六〇年二月、政府は統一見解として、「極東」の範囲を、「フィリピン以北、日本とその周辺海域、韓国、台湾」に限定している。後に「極東条項」の適用範囲は、米軍再編成（トランスフォーメーション）の過程で大きな問題となるのだが、これは新安保条約締結から約半世紀後のことである（七章参照）。

新安保条約が締結された時には、既に地上軍戦闘部隊の日本本土からの撤収は終了しており（日本に駐留していた最後の地上軍戦闘部隊である第一騎兵師団も五八年二月に撤収完了）、また、演習場、弾薬庫、兵器工場など地上軍戦闘部隊関係施設の返還もおこなわれ、神奈川県においても、新安保締結を間に挟んで、五七年から六一年にかけて、横浜兵器廠、キャンプ・マックギル（横須賀）、辻堂演習場＝チガサキ・ビーチ（茅ケ崎市、藤沢市）、中山通信所（横浜市）

など四一施設が日本側に返還された。

ただし、極東における抑止力の維持にとって必要であり、日本側がその機能を代替すること が不可能な組織や施設は、「日本とアメリカ合衆国との間の相互協力及び安全保障条約第六条に基づく施設及び区域並びに日本国における合衆国軍隊の地位に関する協定」（日米地位協定）第二条の規定に基づき、引き続き米軍の利用に供されることになった。

在日米陸軍医療本部　1959 年 7 月　米国国立公文書館蔵

五四年七月の外務省告示第三四号によって「無期限使用」に供されていた相模原・座間地域の六ヶ所の基地や施設も（四章参照）、在日米陸軍総合補給廠の一部が返還されたものの（五九年八月）、やはり日米地位協定第二条に基づき、引き続き米軍の利用に供されることになった（「調達庁告示第四号」一九六一年四月一九日）。

なお、上鶴間の旧相模陸軍病院跡地の米軍病院は、五八年に在日米陸軍医療センターとなり、さらに翌五九年に日本国内の米軍病院を統括することになった在日米陸軍医療本部（米軍医療センターとも通称される）となっており、その役割を拡大していた。

「駐留軍労務者」の処遇と人員整理

米国防総省による在日米軍地上戦闘部隊の撤退表明は、在日米軍基地の基地や施設で働く日本人従業員（「駐留軍労務者」、「駐留軍要員」）の大量整理（解雇）という問題を引き起こした。しかし、その一方で、それは、相模原や座間に米兵の不法行為など様々なトラブルをもたらした。米軍の基地や施設は、海外から復員した人々あるいは引き揚げた人々や敗戦による軍需工場の閉鎖にともない職を失った人々、さらには農家の次男三男を中心とした青年たちに労働の場を提供する存在でもあった。

たとえば、神奈川県教育委員会が、一七歳から二四歳の座間町内の男女一五五五人を対象に一九五三（昭和二八）年初頭から五四年初頭にかけて行った調査結果をまとめた『座間町勤労青少年教育調査報告書』によれば、座間町内青年男子の八・三パーセント、女子の九・三パーセントが「駐留軍要員」であり、農業従事者（男子二九パーセント、女子三五・八パーセント）、学生（男子一七・一パーセント、女子九・九パーセント）についで高い比率を示している（『神奈川新聞』一九五四年六月九日）。

一九四五年九月、連合国軍最高司令官（SCAP）指令第二号にもとづき、「進駐軍労務者」制度が生まれた。神奈川県は「全国最大の基地県としての特殊事情」から、「進駐軍労務者」の数は「常時五万人を数えた」（前掲『神奈川県警察史』下巻）。そこで県では「進駐軍労務者」の労務管理の適切化を図るため、四八年四月県下八ヶ所に渉外労務管理事務所を設置し、座間にも座間労務管理事務所が置かれた。

また、「進駐軍労務者」の権利を守るために、全国進駐軍労働組合連盟（全進同盟）、全連合軍労働組合（全連労）、特調労連などの労働組合が組織され、神奈川県内にも全進同盟神奈川県連合会など組合の支部が結成された。

五二年四月、サンフランシスコ講和条約の発効にともない、「進駐軍労務者」は形式的に退職し、改めて「駐留軍労務者」として米軍基地や施設に勤務することになった。そして、労働組合も組織変更を行い、全進同盟と全連労は合体し、全国駐留軍労働組合（全駐労）となり、特調労連は全日駐を経て日本駐留軍労働組合（日駐労）となった。

占領期「進駐軍労務者」の身分は特別職国家公務員であったが、一九五二年七月の国家公務員法の改正によりその身分を失い、「駐留軍労務者」は一般産業労働者と同一の労働法規の適用を受けることになった。

折しも、米軍と日本政府（特別調達庁、五二年以降は調達庁）、全駐労など「労務者」組合の間では、日本の独立回復と「駐留軍労務者」の身分変更にともない、五一年七月に締結されていた「労務基本契約」の改訂の必要が議論されていた。全駐労等組合側は、駐留軍従業員の人事管理権は日本政府が行使し、米軍は作業遂行の際の指揮監督権のみを有すること、労働協約の遵守、組合活動への便宜などをこの改訂版「労務基本契約」に盛り込むことを要求した。

しかし、組合側と日米当局者の交渉は進展せず、一九五六年八月二六日から二七日にかけて、全国の「駐留軍労務者」一〇万人（うち神奈川県四万人）は二段構えのゼネストに突入した。全駐労座間支部の組合員も「赤旗を押立てて赤はち巻姿でキャンプ座間正門、相模原住宅、上瀬谷通信隊など八ヵ所のゲート前に約四百余名のピケを張り、スト風景をもり上げた」（『神奈川新聞』一九五六年八月二八日）。

二七日午後、田中不破三（ふわぞう）官房副長官は組合側と首相官邸で会見、「争議解決のため制裁規定などの実施延期を米軍に対し主張するよう日本側代表に伝える」（同上）と確約、ストライキにより改訂「基本労務契約」実施に向けての情勢は大きく進み、一九五七年一〇月、改訂「基本労務契約」は発効することになった。

この改訂「基本労務契約」の発効により、日本人従業員の採用・解雇や待遇に関する事項は日本側の専決事項（実際上は基地所在地の各知事が国から事務を委任され、各都道府県［神奈川県の場合は渉外労務課］およびその出先機関［渉外労務管理事務所］が業務を実施）となり、米軍側による一方的な人員整理（解雇）や待遇改悪は不可能となるはずであった。しかし、現実は簡単ではなかった。

実は国防総省による地上戦闘部隊撤収表明が出された段階で、全国で万単位の「駐留軍労務者」の整理が行われており、声明が出された八月には座間渉外労務管理事務所管内だけでも二七六人の整理者（厚木航空基地）が出ていた。そして、改訂「基本労務契約」が発効したその月にキャンプ座間で自動車修理工一七人が整理されたのである。

この米軍による整理は、明らかに改訂「基本労務契約」を無視した米軍側の一方的行為であった。これに反発した県下米軍基地・施設の全労働組合は、時限ストに突入した（一一月一日）。だが、今回も米軍は既定方針どおり整理を断行した。しかし、改訂「基本労務契約」に「駐留軍労務者」側が注目していることを、米軍側も認識していた。ここで登場するのが、「雇用制度の特需化」（特需方式、通称ＰＤ方式）という新たな形の人員合理化である。

特需方式とは、これまで「進駐軍労務者」の担ってきた業務を、民間企業（いわゆる特需企業）に委託し、その際企業側が、整理対象となった「進駐軍労務者」を改めて社員として雇用するというやり方で、いわば一種の民間委託方式である。一見すると、「進駐軍労務者」の雇用者が国から民間企業に代わっただけであり、米軍施設での勤務内容も同様のため、実際上何等の問題もないように思われる。しかし、整理された「進駐軍労務者」の全てが民間企業に採

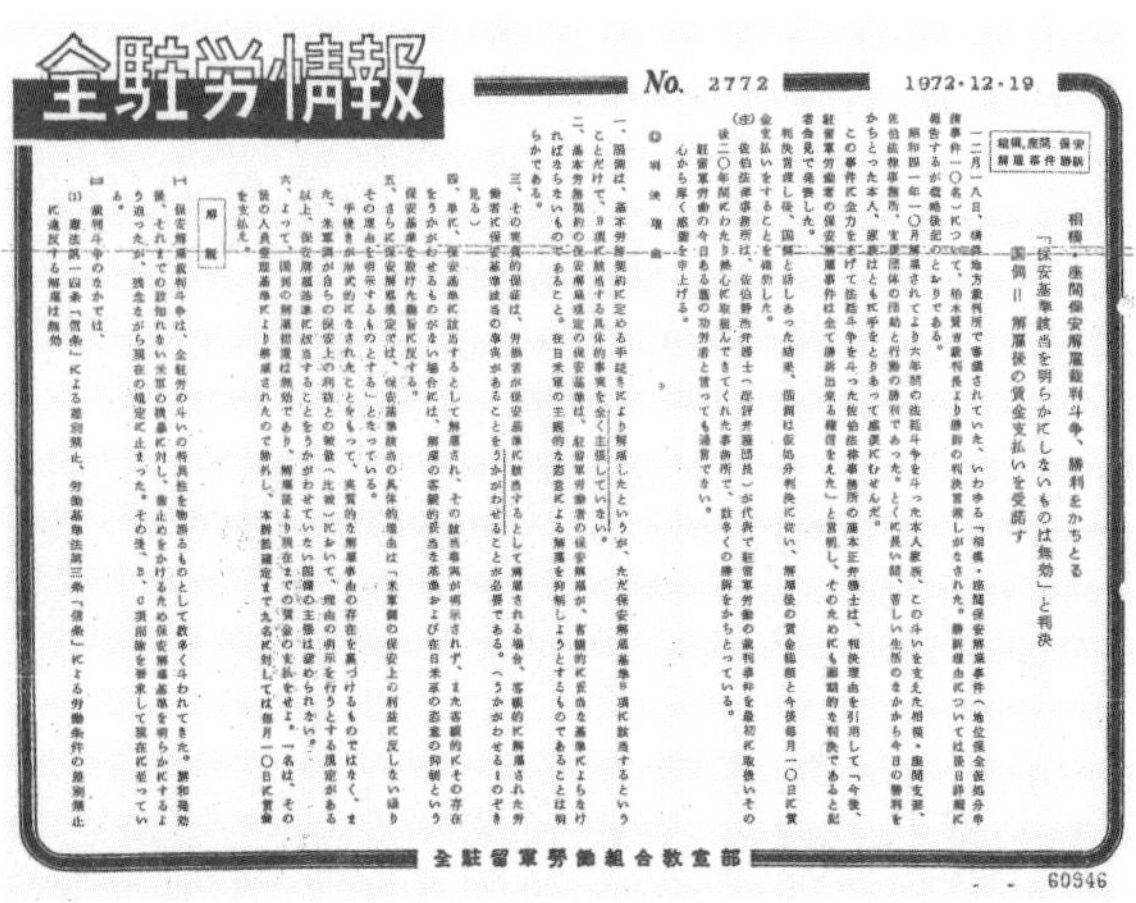

全駐労情報 No. 2772 1972・12・19

相模、座間保安解雇事件勝訴

相模・座間保安解雇裁判斗争、勝利をかちとる
「保安基準該当を明らかにしないものは無効」と判決
国側＝解雇後の賃金支払いを受諾す

一二月一八日、横浜地方裁判所で審理されていた、いわゆる「相模・座間保安解雇事件（地位保全仮処分申請事件一〇名）について、柏木賢吉裁判長より勝訴の判決言渡しがなされた。勝訴理由については後日詳報により報告するが概略後記のとおりである。

昭和四一年一〇月解雇されてより六年間の法廷斗争を斗った本人家族、この斗いを支えた相模・座間支部、佐伯法律事務所、支援団体の活動と行動の勝利であった。とくに長い間、苦しい生活のなかから今日の勝利をかちとった本人、家族はともに手をとりあって感涙にむせんだ。

この事件に全力をあげて法廷斗争を斗った佐伯法律事務所の藤本正弁護士は、判決理由を引用して「今後、駐留軍労働者の保安解雇事件は全て勝訴出来る確信をえた」と言明し、そのためにも画期的な判決であると記者会見で発表した。

判決言渡し後、国側と話しあった結果、国側は仮処分判決に従い、解雇後の賃金総額と今後毎月一〇日に賃金支払いをすることを確約した。

(注) 佐伯法律事務所は、佐伯静治弁護士（総評弁護団長）が代表で駐留軍労働の裁判事件を最初に取扱いその後二〇年間にわたり熱心に取組んできてくれた事務所で、数多くの勝訴をかちとっている。

駐留軍労働の今日ある蔭の功労者と言っても過言でない。

心から厚く感謝を申上げる。

◎判決理由

一、国側は、基本労務契約に定める手続きにより解雇したというが、ただ保安解雇基準Ｂ項に該当するということだけで、Ｂ項に該当する具体的事実を全く主張していない。

二、基本労務契約の保安解雇規定の保安基準は、駐留軍労働者の保安解雇が、客観的に妥当な基準によらなければならないものであること。在日米軍の主観的な恣意による解雇を抑制しようとするものであることは明らかである。

三、その実質的保証は、労働者が保安基準に該当するとして解雇される場合、客観的に解雇された労働者に保安基準該当の事実があることをうかがわせることが必要である。（うかがわせる＝のぞき見る）

四、単に、保安基準に該当するとして解雇され、その該当事実が明示されず、また客観的にその存在をうかがわせるものがない場合には、解雇の客観的妥当な基準および在日米軍の恣意の抑制という保安基準を設けた趣旨に反する。

五、さらに保安解雇規定では、保安基準該当の具体的理由は「米軍側の保安上の利益に反しない限りその理由を明示するものとする」となっている。

手続きが形式的になされたことをもって、実質的な解雇事由の存在を裏づけるものではなく、また、米軍側が自らの保安上の利益との較量（比較）において、理由の明示を行うとする規定がある以上、保安解雇基準に該当することをうかがわせていない国側の主張は認められない。

六、よって、国側の解雇措置は無効であり、解雇後より現在までの賃金の支払をせよ。一名は、その後の人員整理基準により解雇されたので除外し、本訴判決確定まで九名に対しては毎月一〇日に賃金を支払え。

解説

一、保安解雇裁判斗争は、全駐労の斗いの特異性を物語るものとして数多く斗われてきた。講和発効後、それまでの数知れない米軍の横暴に対し、歯止めをかけるため保安解雇基準を明らかにするよう迫ったが、残念ながら現在の規定に止まった。その後、B、C項削除を要求して現在に至っている。

二、裁判斗争のなかでは、

(1) 憲法第一四条「信条」による差別禁止、労働基準法第三条「信条」による労働条件の差別禁止に違反する解雇は無効

全駐留軍労働組合教宣部

60946

保安解雇無効判決を報ずる「全駐労情報」No.2772　1972年12月
全駐留軍労働組合

用されるわけではなく、採用された者も賃金の低下は免れなかった。それ故、全駐労、日駐労等組合側は五八年早々に特需方式反対を表明、県知事、調達庁、米大使館等と交渉を重ねた。

だが、同年七月下旬から八月上旬にかけて、在日米陸軍司令部は、キャンプ座間、キャンプ淵ノ辺、相模原総合補給廠等において特需方式を前提とした「大量首切り」（『神奈川新聞』一九五八年八月二日）の実施を通告した。

これに対し全駐労座間支部は八月一三日、二二日、九月二日にストライキを実施、さらに九月二五日には全駐労、日駐労等の組合員二万五〇〇〇人が、横須賀と追浜を除く県下の米軍施設全域でゼネストを決行、一〇月六日にも県下全駐労一〇支部、日駐労五支部等

がストライキを決行した。

　しかし、今回も米軍側は方針を固持し、一九五八年から五九年にかけて特需方式に基づき整理された「駐留軍労務者」は神奈川県下だけでも二七五八人にのぼった。

　結局、米軍の基地や施設で働く日本人従業員や特需企業の従業員の雇用は、米本国の政策や国際関係・日米関係次第という現状がこの後も続くことになるのである。

　なお、日本人従業員の整理は多くの場合、在日米軍の合理化の一環として行われたが、例外的なものとして保安解雇があった。保安解雇は、米国の政策に批判的な従業員や組合活動家を排除することを目的としており、改訂「労務基本契約」付属協定第六九号に基づいていた。六六年一〇月、キャンプ座間及び相模原市内の米軍施設に勤務していた一〇名が保安解雇されるという事件が発生、被解雇者は国を相手に裁判闘争、いわゆる「相模・座間保安解雇事件」を展開、七二年一〇月横浜地裁は解雇無効の判決を下し、国もこれを受け入れた。

六章　ベトナム戦争と
ニクソン・ドクトリン

機動隊に守られて搬出される兵員輸送車　1972 年 9 月
相模原市蔵

1　ベトナム戦争と兵站基地相模原

ベトナム戦争と相模補給廠

一九四五（昭和二〇）年九月二日、日本の降伏文書調印により第二次世界大戦は正式に終結した。そしてこの日、ホー・チ・ミン（胡志明）率いるインドシナ共産党（後のベトナム労働党、現在のベトナム共産党）は、ハノイにおいてベトナム民主共和国（初代主席 ホー・チ・ミン）の独立を宣言した。

しかし、一九世紀からインドシナ半島を統治してきたフランスはこれを認めず、ベトナム南部に傀儡国家コーチシナ共和国を樹立し、一二月にはベトナム民主共和国とフランス及びコーチシナ共和国の間で第一次インドシナ戦争が開始された。

五四年、ジュネーブ協定の締結により、第一次インドシナ戦争は終結したが、戦争中からフランスを支援してきた米国は、共産主義がドミノ倒しのように東南アジアに拡大することを恐れ（ドミノ理論）、ベトナムを北緯一七度線を境に、南北に分けることを主張、五五年にベトナム共和国（南ベトナム）を成立させた。

六〇年、南北統一を目指すベトナム民主共和国（北ベトナム）の指導のもと南ベトナム内に南ベトナム解放民族戦線（ベトコン）が結成され、南ベトナムは南ベトナム政府軍とベトコンによる内戦状態に突入した（ベトナム戦争〔第二次インドシナ戦争〕）。

翌六一年、米国は南ベトナムに軍事顧問団とヘリコプター部隊を派遣、ベトナム情勢への介入の度合いを深めた。

六四年八月二日、米国防総省はトンキン湾において米駆逐艦二隻が北ベトナムによって攻撃されたとの発表をなし（真偽不明）、二日後米国は「報復」のために北ベトナムの海軍基地を爆撃した。七日、米議会はリンドン・B・ジョンソン大統領に戦時権限を付与、ベトナムの内戦は軍事大国米国が参戦することによって、文字通りの「ベトナム戦争」へと拡大することになった。

ベトナム情勢の緊迫化とともに、キャンプ座間をはじめとする相模原や座間の米軍基地・施設は、朝鮮戦争の時と同様、米軍の後方・兵站基地としての重要性を増していった。

先のベトナムへの軍事顧問団の派遣に先立ち米軍は機構改革を実施し、太平洋陸軍の再編成も実施された。その際、太平洋陸軍麾下のキャンプ座間の在日米陸軍／第六兵站コマンド司令部は、在日米陸軍司令部という名称にもどったが、麾下に在日米陸軍医療本部など三つの司令部を持つなど、名称の単純化とは逆にその組織は強化された。

そして、在日米陸軍司令部は、七三年の米軍のベトナム撤退まで極東、西太平洋地域における米軍及びその同盟国（南ベトナム、韓国、フィリピン、タイ、オーストラリア）に対する補給、修理、医療などの後方支援業務を統括する後方・兵站司令部として大きな役割を果たすことになった。

在日米陸軍医療本部は、管下にドレイク病院（埼玉県朝霞市）、岸根病院（横浜）、座間病院（キャンプ座間）の三つの陸軍病院と第四〇六医学研究所、医療器具や薬品の補給を担当する第五〇四医療補給所、患者移送の為の第五八七ヘリ輸送部隊（空輸）などを抱えたまさに医療本部（Medical Command）となり、ベトナム戦争が激化の一途を辿っていた六六年から七〇年頃にかけては、ベトナムからの傷病兵一〇万人以上を収容したと言われている。患者の多くは、横田飛行場に到着後、ヘリコプターで医療本部内のヘリポートまで移送されたが、その際のヘリコプターの騒音は基地公害として大きな社会問題となった。

五七年に総合補給廠となった在日米陸軍相模総合補給廠は、五九年に在日米軍司令部の指揮下に入った。この時、補給廠の日本語呼称は在日米陸軍相模総合補給廠のままであったが、英文の正式名称は、U. S. Army General Depot,Japan から Japan Depot Complex に変えられた。六六年、補給廠は所沢補給廠の機能の一部を吸収し、在日米陸軍相模総合補給本廠となり、英文の正式名称も U. S. Army Logistical Center,Japan and U. S. Army Depot（もしくは U. S. Army Depot Command,Japan）となった。

在日米陸軍相模補給廠西門　1972年9月　相模原市蔵

さらに六九年、補給本廠は在日米陸軍相模補給廠と名称を変更した。一〇年間に三度も名称が変更されているが、その役割は一貫して米軍及びその同盟国に対する「生活必需品から戦車にいたるまでの一〇〇万余品目にわたる物資、機械等の補給、整備、余剰物資の処分等」（相模原市企画部渉外課『基地白書』）の兵站業務にあり、六九年八月には輸送業務の能率化のため、五九年末から使用が停止されていた補給廠専用引き込み線が地元住民や相模原市当局の反対にも拘わらず再開された。

また、相模補給廠は、ベトナムで破損した米軍や南ベトナム軍のＭ48戦車やＭ113兵員輸送車（装甲車）等の装甲車輌を修理し、ベトナムに再移送する業務にも任じた。キャンプ座間の在日米陸軍司令官ジョン・Ａ・ガスホーン少将の六九年一二月三日付河津勝相模原市長宛書簡によれば、「在日米軍は、大きな再生業務を与えられてい」（前掲『相模原市史』現代資料編）たが、その「再生業務」の中心となっていたのが、相模補給廠であった。

ベトナムから米軍のドックである横浜ノースドック（瑞穂埠頭）まで船で運ばれた戦車や装甲車などの戦闘車輌は、トレーラーで相模補給廠まで運ばれ、補給廠で修理を施され、点検を経た後ノースドックもしくは空軍の横田基地（横田飛行場）まで運ばれ、海路もしくは空路でベトナムの戦場へと送り返されたのである（羽田博明「ベトナム戦争と戦車闘争」栗田尚弥編『米軍基地と神奈川』）。相模補給廠、横浜ノースドック、横田基地は、国道一六号線および国鉄（現、ＪＲ）横浜線で結ばれており、兵站補給施設の「三点セット」と言われるようになった（江畑謙介『米軍再編』）。

テスト走行中の米軍戦車　相模原市蔵

相模補給廠で修理を施された装甲車輌は、再移送される前に、補給廠内のテストトラックにおいて毎日のように路上走行テストを受けたが、走行テストの際に生じる騒音や振動、舞い上がる土ぼこりは、近隣住民の悩みの種となった。

相模補給廠での戦闘車輌の修理・移送は、ベトナム和平の観点からも大きな問題となり、相模原市や横浜市は防衛施設庁と在日米陸軍司令部に抗議文を提出した。また、相模原の一般市民や革新政党、労働組合、学生らは補給廠前や横浜ノースドック前でピケや座り込みなど反対運動を展開し、河津勝相模原市長や飛鳥田一雄横浜市長も運動に参加、一時米軍は補給廠からノースドックへの車輌移送を中断した。

実は、米軍戦闘車輌もこれを搬送するトレーラーも、道路交通法に基づく車両制限令の重量を超えていたが、搬送の許可申請は出されていなかった。

一九七二年七月、飛鳥田横浜市長は、増原恵吉防衛庁長官に道交法遵守を申し入れ、河津相模原市長も国内法と日米地位協定の関係についての質問を横浜防衛施設局長に提出した。戦車搬送問題は、安保条約と国内法の矛盾を明らかにする事件ともなったのである。

一〇月一七日田中角栄内閣は閣議において、米軍車輌を車両制限令から外す旨を決定、飛鳥田・河津両市長はこの〈超法規的措置〉に強く抗議したが、二四日には中断されていた戦闘車輌の補給廠からの搬出が再開された（近年、この〈超法規的措置〉の裏に、米国の圧力があったことが明らかにされた［吉田敏浩・新原昭治・末浪靖司『検証・法治国家崩壊』］）。しかし翌七三年一月ベトナム和平協定が締結され、米軍は同年三月までにベトナムから撤退、当然、相模補給廠からベトナムへの戦闘車輌の搬送も中止となり、「戦車闘争」も終わりを告げた。

ニクソン・ドクトリン

ベトナム戦争開始当初、軍事力、経済力ともに世界ナンバー・ワンの地位を占めていた米国の戦争見通しは楽観的なものであった。しかし、ソ連、中国の支援を受けた北ベトナム・ベトコン側は頑強に抵抗し、戦争は長期化・泥沼化し、軍事費の増大は次第に米経済を圧迫していった。

また、戦争の長期化は兵士の士気を低下させ、厭戦気分は米国内にも横溢し帰還兵対策と相まって社会不安の一因となった。さらに米国内外の反戦運動も高まりを見せていた。

リチャード・M・ニクソン

たとえば、先述の相模補給廠をめぐる「戦車闘争」には、革新政党や労働組合、学生のみならず一般市民も多数参加し、「普通の市民が戦車を止めた」闘争として内外の注目を集めた。米国内のマスコミも「アメリカの同盟者（南ベトナム政府のこと―引用者注）よりもその敵に対してより友好的」（松尾文夫・斎田一路訳『ニクソン回顧録』第1部）となった。米国の大国としての威信は大きく揺らぎ始めたのである。

一九六九（昭和四四）年一月、ベトナム戦争からの「名誉ある撤退」を公約に掲げた共和党のリチャード・M・ニクソンが米国大統領に就任した。

ニクソンは、「アメリカが軍事的にも、経済的にも、世界のナンバー・ワンであった時代は二十五年前に終わった。二つの超大国だけが支配する時代も終わった」「少なくとも経済的にみると、アメリカ、日本、西欧、それにソ連と中国を加えた五大経済大国の激烈な経済戦争が今後五年ないし十年後の世界の支配的な状況になる」（一九七一年ミズーリ州カンザスシティーにおける演説、松尾文夫「ニクソン時代とはなんであったか」松尾文夫・斎田一路訳『ニクソン回顧録』第3部）という世界認識を持っていた。

この世界認識のもとに、発表されたのが一九六九年七月グァム島で発表されたいわゆるニクソン・ドクトリン（グァム・ドクトリン）である。

ニクソン・ドクトリンは、米国の新アジア政策の表明であり、その内容は、米国にとって「決定的に重要」な「国益」が損なわれない限り、「他の諸国」への直接介入は避け、かわりに米国の支援のもとに極東における同盟諸国の自衛能力の増大（同盟諸国による米軍事力の肩代わり）をはかるというものであった（同書）。

ニクソン政権は、日本など同盟諸国の自主防衛力の強化をはかることにより、当面の戦争遂行に必要不可欠なもの以外、在外米軍の規模を縮小・合理化し、危機的状況にある米国財政を建て直すとともに、「名誉ある撤退」への伏線を引こうと考えたのである。

そして、このニクソン・ドクトリン以降、米ソ、米中間の対話が活発になり、七二年二月には、ニクソンが突如中華人民共和国を訪問し、同年五月には第一次戦略兵器制限交渉が米ソ間で妥結を見ている。世界はいわゆるデタント（緊張緩和）の時代に入ったのである。

ニクソン・ドクトリンは特に日本に対して、「アジア全域についてのバードン・シェアリング（責任分担）を要請」（前掲『在日米軍』）していたが、反面日本政府当局者にとってある意味歓迎すべき宣言であった。ニクソン・ドクトリンが発表される約十ヶ月前の六八年九月、日本は米国との日米安全保障に関する事務レベルの協議会において、「在日米軍基地の検討方針」を米側に示し、基地の返還、移転、集約整理等について協議を行っていた。

五二年の独立回復にともなう接収財産の提供財産への切り換えに際し、「原則として陸、空軍は、都市地域外に駐留すること」（『神奈川の米軍基地』一九八八年版）が日米間で取り決められていたが、六〇年代の高度経済成長は日本各地に急激な都市化をもたらし、「都市地域外」であった米軍基地や施設の周辺をも都市化していった。相模原市とともにキャンプ座間が置かれていた座間町（七一年一一月に市制施行）の場合を見てみよう。

一九五五年当時、座間町は「未だ農村地区であり」（稲垣俊夫座間町長「対策協議会開催について」一九五三年八月二一日前掲『座間市史』4）、人口は一万三〇〇〇人に過ぎなかった。しかし、その後の高度経済成長の波のなか、座間町にも理研ゴム、東芝機械、日産自動車など大企業を含む多くの工場が進出、交通の発展・高速化にともないベッドタウン化も進み、ニクソン・ドクトリンが発表された翌年（一九七〇年）の座間町の人口は、五五年の四倍以上の五万六〇〇〇人に達していた。そして都市化が進む中、狭隘な行政面積しか有しないこの座間町（市）の前に、キャンプ座間は、「（座間市の）都市計画・土地利用をはばむ基地」（座間市役所渉外課『座間市と基地』一九八三年版）として立ちはだかったのである。

　キャンプ座間は、単に「都市計画・土地利用をはばむ」だけの存在ではなかった。キャンプ座間の雨水・下水設備の不整備からくる一般民家への汚水流出やキャンプ北端にあるヘリポート（キャスナー飛行場）の騒音、キャンプ内にあるゴルフ場からのボール飛び出し事故、さらには（問題となったのは二〇〇〇年以降のことであるが）キャンプ内ゴミ焼却炉からのダイオキシンの発生も基地公害として大きな社会問題となった。

　相模原・座間にあるキャンプ座間以外の米軍施設も、〈都市のなかの基地〉問題を生み出していた。ベトナム戦争当時には、在日米陸軍医療本部に発着するヘリコプターの騒音や相模補給廠での車輛走行テストの際生じる騒音や振動、土ぼこり（前述）も近隣住民を悩ませていたのである。また、都市化にともなう建造物の増加は、キャンプ淵野辺にあった米国国家安全保障局太平洋事務所を取り囲んだ通信アンテナに受信障害を引き起こし、事態を重視した米軍側が日本政府に通信施設周辺を電波障害制限地区として要求（一九六七年一一月）、これに反対する相模原市や市民が一体となって反対運動を展開するという事態も生じた（結局、指定見送り)。

もちろん、〈都市のなかの基地〉問題と並んで、国内の反戦、反米運動の高まりも、米国との同盟関係を重視する政府や政権与党にとって好ましからざる現実であった。そして、これらの問題を解決するために、日本政府は、米軍基地の返還、集約・移転という課題に真剣に取り組まねばならなかったのである。

一方、当時の米国ジョンソン政権も、ニクソンとは思惑が異なるものの財政支出抑制の観点から日本国内の米軍基地・施設の縮小を考えていた。

六八年一二月二三日、この日開かれた日米安全保障協議委員会において米国側は、「米軍施設・区域調整計画」を日本側に提示した。この「計画」には全国約五〇の米軍施設の返還、移転計画が示されており、神奈川県関係では、相模原の座間小銃射撃場、横浜の山手住宅地区など一〇施設が挙げられていた。「計画」は翌二四日、日米合同委員会で合意され一〇施設のうち九施設は七二年までに返還され(残る一つ=横浜海浜住宅地区は、横須賀海軍施設に移設)、座間小銃射撃場も六九年七月に全面返還された。この二ヶ月後(九月)、五七年以来在日米陸軍司令部が兼務していたキャンプ座間司令部も廃止された。

2　ベトナム戦争の終結と相模原・座間の米軍基地・施設

相模原・座間の米軍基地・施設の縮小

ニクソン・ドクトリンの発表から約八ヶ月後、一九七〇（昭和四五）年三月七日付『読売新聞』は、前日六日になされた在日米軍縮小に関する政府発表をもとに、次のごとく予想した。

　こんどの連絡によると、米軍基地の整理、縮小は、まず陸軍関係が大幅に行なわれ、次いで海軍関係とされており、空軍関係については、いまのところ米側もはっきりした意向を示していない。

――中略――

　このため補給、中継の機能を持つ在日米陸軍基地は太平洋地域における補給作戦基地を沖縄に一元化するという米陸軍の新しい戦略構想の発表（さる三日、リーサー陸軍長官が上院に提出した声明―原注）で、ほぼ全面的に沖縄に撤収することが確実視され、陸軍基地のなかでも規模の大きい相模総合補給廠（神奈川県）キャンプ座間（同）所沢補給廠（埼玉県）などの整理が七月以降には具体化してこよう。

相模補給廠は、陸軍の戦車、装甲車などの特殊車両の修理、整備などに使われ、ベトナム戦でも後方支援基地としてその機能が高く評価されてきた。またキャンプ座間には在日米陸軍司令部が置かれ、兵舎、住宅、中・高校などがあるが、この司令部がそのまま残るかどうかの問題も早急に検討されると関係者は見ている。

この政府発表よりもはやく、七〇年二月、キャンプ座間に関する諸問題の解決のため座間町当局とキャンプ座間の各級幹部からなる「日米渉外連絡会議」が発足した。この後、町当局とキャンプ座間との協議が重ねられ、米七一会計年度が始まる七〇年七月、「キャンプ座間バーニー副司令官」（在日米陸軍副司令官か）から「遊休山林部分については、返還の見通しが強いので正式な手続きで返還要求を」（『座間市と基地』二〇〇四年版）との連絡が鹿野文三郎（しかのぶんざぶろう）町長に対してなされた。これを受けて座間町は早速現地調査を実施し、七〇年八月一九日南キャンプ東側の森林部分の返還を申請、一年五ヶ月後の七二年一月一三日同地二万七〇五二・七九平方メートルが座間市に返還され、また同年三月二三日には県道相武台入谷線立体交差拡幅用地として三六四一・五八平方メートルが返還された。

在日米陸軍側が座間町長に対し、キャンプの遊休山林部分返還についての見通しを伝えたのと同じ月（七〇年七月）、ワシントンにおいて日米外交防衛事務連絡会議が開催された。同会議は、七一年度までに日本国内の米軍基地・施設のうちキャンプ座間など約二〇ヶ所を日米の共同使用とすることで合意に達し、さらに同年一二月に東京で開かれた第一二回日米安全保障協議委員会では、ニクソン・ドクトリンの線に沿って、「在日陸海軍及び関連在日施設・区域の若干の整理、統合」についての「全般的検討」が行われた（外務省情報文化局発表「日米安全保障協議委員会第12回会合について」、前掲『神奈川の米軍基地』一九八八年版）。

キャンプ座間正門　1970 年ころ　相模原市蔵

　その結果、在日米軍要員一万二〇〇〇人の国外退去と移駐、基地の縮小・返還・共同使用等が合意された。この協議委員会の合意に基づき、七一年六月の日米合同委員会は、陸上自衛隊のキャンプ座間の一部共同使用で合意を見た（同月佐藤栄作内閣閣議決定）。

　ニクソン・ドクトリンにもとづく在日米軍の縮小・合理化と日本側（自衛隊）によるその肩代わりが進むなか、戦後三六年間に渡って米国の統治下にあった沖縄が、日米安全保障条約の延長を条件に日本側に返還された（一九七二年五月一五日）。

返還と同日、太平洋方面の米軍の再編成も行われ、キャンプ座間の在日米軍司令部は沖縄の米陸軍基地コマンド（米陸軍琉球司令部と陸軍第二兵站コマンドが合体したもの）などさらに三つのコマンドを麾下に持つことになった。また、沖縄にあった第九軍団司令部も五月一五日付けでキャンプ座間に移転、在日米陸軍司令部と合体し、在日米陸軍／第九軍団司令部（HQ・USARJ／IX Corps）となった。

もっとも、在日米陸軍司令部のこのような〈増強〉は、一時的なものであり、七四年七月には三つのコマンドが在日米軍司令部から離れ、同司令部麾下のコマンドは、在日米陸軍本州司令部、沖縄米陸軍駐留軍、在日米陸軍医療部の三つのみとなった。

七三年一月二三日、東京の外務省において、大平正芳外務大臣、増原防衛庁長官、ロバート・S・インガソル駐日大使、アーサー・M・ゲイラー太平洋軍総司令官列席のもと、日米安全保障協議委員会の第一四回会合が開かれた。

この会合の直前、日米政府の外交及び防衛当局者によって安保運用会議が組織されたが、この運用会議は、七二年九月の田中角栄首相とニクソン大統領による共同発表（於、ハワイ）に基づき組織されたものであった。この田中・ニクソン共同発表は、アジア地域が平和と安定へと向かっていることを確認し、インドシナ（ベトナム）における早期和平の実現を日米共に希求する、というものであった。

第一四回安保協議委員会は、安保運用会議の設置を歓迎するとともに、その設置が決定された田中・ニクソン共同発表の趣旨を再確認し、「ベトナム和平の早期達成」を改めて「希望した」（外務省情報文化局「日米安全保障協議会委員会第14回会合について」前掲『相模原市史』現代資料編）。

要するに、第一四回日米安全保障協議委員会は、ベトナム和平後の沖縄と日本本土在日米軍の「施設・区域の統合」（縮小・削減と合理化）を「一層実施」するための会合であった。

会合の席上日本側は、「沖縄における施設・区域」について言及するとともに、「全国的な急速な都市化にみられるような最近の社会、経済及び環境の変化を指摘」した（同上）。これに対し、米側は、「日本における施設・区域の数を削減し残余を統合する努力を払う際には人口緻密地域において深刻化している土地問題及び安保条約の目的上必要でなくなった施設・区域の返還について日本政府の要望を考慮に入れている」と日本側の主張に理解をしめした（同上）。

会合で、具体的に討議・検討されたのは、沖縄における「施設・区域の整理・統合計画」、「関東平野地域における空軍施設を削減し、その大部分を横田飛行場に統合」すること（いわゆる「関東計画」）、岩国飛行場（山口県）の海軍航空機部隊の三沢飛行場（青森県）移駐、神奈川県等の米軍施設の「移転ないし整理の可能性」についてであった（同上）。

この「移転ないし整理の可能性」のなかには、相模原の在日米陸軍医療本部（米軍医療センター）の移転とキャンプ淵野辺の日本への返還も入っていた。そして、討議・検討の結果、「若干の代替施設の提供をまって」という条件付きではあるが、キャンプ淵野辺は七四年三月を目途として返還されることで合意を見、合意の期限とは約八ヶ月遅れたものの、七四年一一月、日本に返還された。

また、在日米陸軍医療本部は、在日米陸軍医療部（通称はこれまでと同じく米軍医療センター）と名称を変更した後、八一年四月に業務を停止し、その敷地は日本側に全面返還された。なお、それぞれの施設、機能の一部はキャンプ座間に移され、在日米陸軍司令部が管理するところとなった。

キャンプ淵野辺返還式　1974年12月　相模原市蔵

この第一四回日米安全保障協議委員会以降も、在日米軍の縮小や削減、合理化は進められた。ベトナム戦争中に補給基地、車輌修理施設として大きな役割を果たした在日米陸軍相模補給廠も、米軍のベトナムからの撤退とともに機能を大幅に縮小され、用地返還も七五年八月以降何度も実施された。七四年七月には部隊としての活動も停止、補給廠施設は在日米陸軍司令部（在日米陸軍／第九軍団司令部）麾下の在日米陸軍本州司令部相模工務局の管理するところとなり、さらに第一七地域支援群麾下第三五補給管理大隊の管理する相模総合補給廠となった。

八六年一月、在日米陸軍本州司令部は組織変更（格下げ）により暫定的に第九地域支援群となり、翌八七年一〇月正式に第一七地域支援群となった。在日米陸軍司令部の合理化と平行して、キャンプ用地の日本側への一部返還も七二年一月以来九一年一一月まで五度にわたって実施された。

もっとも、地元が望んだ全面返還は実現せず、在日米陸軍医療部敷地の返還と引き替えに医療部の施設の一部が移設されるなど（七七年一二月日米合同委員会で合意、八〇年六月移設）、在日米軍内でのキャンプ座間の重要性はむしろ高まったとも言える。

またこれより先、七一年一〇月には、先述の七一年六月の日米合同委員会の決定に基づき、「基地の恒久化につながる」という地元の懸念にもかかわらず、陸上自衛隊第一施設団第一〇二建設大隊（七二年八月に陸上自衛隊東部方面第一施設団第三施設群と名称変更）の約三〇〇名が朝霞駐屯地からキャンプ座間（朝霞駐屯地座間分屯地）に移駐した。

米核戦略の通信拠点か

これまで見てきたように、一九七〇年前後から、特にニクソン・ドクトリン以降、在日米軍の基地や施設は「整理・統合」され、新安保条約締結当時には六ヶ所あった相模原の基地や施設も、八一年の在日米陸軍医療部敷地の返還により、キャンプ座間、相模総合補給廠、相模原住宅地区の三ヶ所のみとなった。

しかし、「整理・統合」が進んだとはいえ、米戦略における日本国内の米軍基地や施設の重要性が喪失したわけではなかった。

ニクソン大統領は、確かに米軍の「整理・統合」を進め、周辺国への軍事介入を控えた。たとえば、六九年の四月に、厚木基地所属のレーダーピケット機（レーダー哨戒機）EC121Mが、日本海上において北朝鮮の戦闘機二機に撃墜され、乗員三一名全員が死亡した際にも、ニクソンは、デタント推進を最優先に考え、米国内の強硬論を押さえて報復措置を講じなかった。また、先に述べたように宿敵ソ連との戦略兵器制限交渉も積極的に推進した。

しかし、国際政治の世界では、状況は常に流動的であり、政権担当者が交代しただけでも、国家間の緊張が一挙に高まることもある。実際、ニクソンが推進したデタントは七九年のソ連のアフガニスタン侵攻により終焉を迎える。

ニクソンは、国際政治のこの冷徹な現実をよく認識していたと思われる、それ故、ニクソン・ドクトリンにおいても、「大国」による「同盟諸国」「友好諸国」に対する攻撃への報復措置としての「核兵器」の使用や、「アメリカの決定的に重要な国益を守るために必要」な場合における国外での軍事力の発動を明記したのである。そして、「核兵器」使用やアメリカの「国益」

を守るために必要な基地や施設は、有事に備え海外に残されることになったのである。

七一年三月、日米両国による再調整の結果、在日米軍の整理・再統合計画が見直され、神奈川県内の米軍基地・施設については削減計画の大部分が中止となったが、理由は今日でも明らかにされていない。その結果、たとえば横須賀の場合、地元が期待していた米軍基地の大幅な整理・統合は実現されず、空母ミッドウェイの母港化（一九七三年）に見られるように、横須賀の基地機能はむしろ強化されている。

相模原のキャンプ座間と相模総合補給廠もデタント時代に規模は縮小されたものの、米国（米軍）にとっての重要性を失ったわけではなかった。デタント崩壊後の八二年四月、キャンプ座間内に通信衛星用の地上ターミナルが建設された。相模原市の質問に対し、米軍側はこれを「衛星通信の中継アンテナである」と回答したが、実際には核戦略用の通信アンテナではないかと疑われた（『神奈川新聞』一九八五年一月七日）。

これが事実とすれば、キャンプ座間は、米核戦略の通信拠点に位置付けられていたことになる。また、キャンプ座間には一九九〇年当時、第五〇〇軍事諜報旅団も司令部を置いていたが、同旅団は、陸軍情報保全コマンド（ＩＮＳＣＯＭ）に属する部隊で、文字通り軍事情報の収集を任務としていた。当時キャンプ座間には情報保全コマンドの分遣隊も置かれており、在日米陸軍／第九軍団司令部のＧ－２（参謀第二部）も諜報活動に従事していたと言われる。キャンプ座間は、「在日米陸軍の情報中枢基地」としての役割も担っていたのである（梅林宏道『情報公開法でとらえた在日米軍』）。

兵站補給施設の「三点セット」のひとつ、相模総合補給廠も規模を縮小したとはいえ、兵站施設としての重要性を保っていた。

八八年二月に作成された相模総合補給廠のマスター・プランを分析した梅林宏道は、相模総合補給廠の任務を八つに分け、その第一に「一つの戦争を想定して、それに必要な補給品を絶えず貯蔵、整備」することを挙げている。そしてさらに梅林は、相模総合補給廠が「〝陸軍情報システム軍日本〟を地域的に支援するための整備、補給施設の予定地」に想定されていると指摘している（同書）。のちに相模総合補給廠には、コンピューターシミュレーターを備えた任務（作戦）指揮訓練センターが設置されることになる（次章参照）。

一九七〇年代、相模原や座間においても米軍の基地や施設の「整理・統合」（縮小・削減と合理化）と日本への返還は今までになくドラマティックに進められた。

しかし、そのことは米軍内における相模原・座間の位置付けの低下を意味しなかった。相模原や座間の米軍基地や施設、具体的にはキャンプ座間と相模総合補給廠は、米核戦略の通信拠点、在日米陸軍の情報中枢基地、あるいは将来の情報戦の基地として、極東方面における米軍の「橋頭堡」の重要な一角として存在し続けることになったのである。

七章　第一軍団司令部移転計画

相模原市民会館ホールで開催された
第一軍団司令部移転反対緊急大会　2005 年 11 月
相模原市蔵

1 「橋頭堡」から「極東司令部」へ

米軍再編成とキャンプ座間駐留部隊の改編

ニクソン・ドクトリン以降、特に一九七三（昭和四八）年三月のベトナムからの撤退以降、米本国及び世界各地に置かれた米軍は規模の縮小と合理化を進めた。

そして、一九八九（平成元）年一一月のベルリンの壁崩壊から九一年一二月のソ連解体にかけてのソ連・東欧圏の崩壊は、「冷戦」の終結を意味しており、米軍そして北大西洋条約機構（NATO）や日米安全保障条約の存在意義を低下させるはずであった。

しかし、一九九〇年八月のイラク軍のクウェート侵攻は、「冷戦」とは違った意味で米軍やNATO、日米安全保障条約の存在意義を高めることになった。

イラク軍のクウェート侵攻直後（九〇年九月）、ジョージ・H・W・ブッシュ（ブッシュ・シニア）米大統領は、米議会において「新世界秩序」（NWO）構想演説を行った。これは、ソ連の消滅後「唯一の超大国」となった米国がその軍事力を背景に、「同盟国の費用分担と国連の権威をフル活用することによって、米国の覇権を前提とした新しい世界秩序を構築しようとするものであった」（木村朗「地域から問う米軍再編の本質」、同編『米軍再編と前線基地・日本』）。

翌九一年一月一七日、米軍を中心とする多国籍軍はイラクへの空爆作戦「砂漠の嵐」を開始、二四日にはイラク領内への地上軍侵攻作戦「砂漠の剣」が開始された。四月六日、イラクは、「クウェートへの賠償」「大量破壊兵器の廃棄」等を内容とする国連安全保障理事会の決議六八七号を受け入れ、湾岸戦争は多国籍軍の勝利のうちに終了した。米軍（米国）は「新世界秩序」構築のリーダーとしての第一歩を踏み出したのである。

クウェート危機以降、米軍は中東での有事に備え機構変革を実施、デタント時代の七四年に廃止となっていたハワイの太平洋陸軍（USARPAC）も九〇年に復活し、米太平洋軍（USPACOM、二〇一八年五月にインド太平洋軍に改編―次章参照）の麾下に入った。

そして七四年以降行政的管轄も在日米軍司令官の下に置かれていたキャンプ座間の在日米陸軍／第九軍団司令部も、太平洋陸軍の復活にともない改めて同軍麾下の主要コマンド（Major Subordinate Command）に位置付けられることになった。

ちなみに、太平洋軍（インド太平洋軍）は、米軍一〇の統合軍（現在は九統合軍）の一つで、麾下に陸（太平洋陸軍）・海（太平洋艦隊）・空軍（太平洋空軍）・海兵隊（太平洋海兵隊）の四軍と三つの副統合軍（在太平洋特殊作戦軍、在日米軍、在韓米軍）と兵員約三〇万人（米軍の兵員の約二〇パーセント）を擁し、太平洋から東アジア、インド洋にかけての広大な地域を管轄する米軍最大の統合軍であり、有事の際には在日米陸軍も在日米海軍・空軍とともに統合いる。

部隊を組織し、この太平洋軍（インド太平洋軍）の指揮の下で作戦行動にあたることになって

九四年九月、米軍当局は、キャンプ座間に司令部を置いていた第九軍団を解体し、米本土にある第一軍団に吸収する旨を公表した。「陸上部隊を米本土に集中して機動的な運用を図る」（『神奈川新聞』一九九四年九月五日）ためであるとされたが、陸上自衛隊関係者は、「有事の際、米軍の来援を前提とする自衛隊の作戦に重大な影響が出る」（同上）として、懸念を表明した。第九軍団司令部の任務は、「日本有事や朝鮮半島有事の際に予備軍部隊を配下に加え、ハワイや米国本土から投入される陸軍部隊約九万人を統合して指揮する」（久江雅彦『米軍再編―日米「秘密交渉」で何があったか―』）ことにあったからである。

また、九一年四月に湾岸戦争は多国籍軍の勝利のうちに終了していたが、イラクのフセイン政権が崩壊したわけではなく、中東情勢は予断を許さない状況が続いていた。だが結局、第九軍団は翌年九月に解体され、これにともない在日米陸軍／第九軍団司令部は、九四年一一月にキャンプ座間に創設されていた第九戦域陸軍コマンドと合体し、在日米陸軍／第九戦域陸軍コマンド司令部（HQ・USARJ／IX TAAC）となった。また、司令官の階級は中将から少将へと変更された。このことは、一見在日米陸軍司令部の格下げを意味していた。

しかし、当時の太平洋陸軍ロバート・オード司令官は、「第一軍団が有事の際には日本に展

開する。――中略――日米共同訓練も今後は（第九軍団に替わって）第一軍団が行う」（同書）と述べ、第九軍団の任務を第一軍団が引き継ぐことを表明している。

実際、第九戦域陸軍コマンドは、アメリカ本土にある第一軍団が有事に際し米援したときに、これを支援することを任務としていた。また、九五年八月には、第九軍団の解体に先駆けてキャンプ座間に第一軍団の前方連絡事務所が設けられている。後述する第一軍団司令部のキャンプ座間移転計画への布石は、既にこの頃から打たれていたのである。

一九九九年一二月、米陸軍参謀総長エリック・K・シンセキ大将が、視察のためキャンプ座間を訪れた。シンセキ大将は、日系初の参謀総長で（名字の日本語表記は新関）、当時進行し始めていた米軍再編成（トランスフォーメーション）の中心にいた人物の一人である。

エリック・K・シンセキ

米軍再編成とは、「冷戦」時代から続いてきた米軍の世界戦略を見直し、大規模テロや大量破壊兵器などの新たな脅威に対抗するために、あるいは国家対非国家団体（国際テロ組織など）といった新たな対立関係に対処すべく、軍の配置、指揮系統、兵器体系、情報システム等軍に関する全領域を変革することである。

たとえば、指揮統制の迅速化と戦力投入の効率化、さら

在日米陸軍／第九戦域支援コマンド司令部　2006年　栗田撮影

には軍事支出の合理化を図るため、従来の軍―軍団―師団―旅団といった指揮系統を、ＵＥｙ（従来の軍に相当）―ＵＥｘ（従来の軍団司令部・師団司令部の機能を併せ持つ司令部機構）―ＵＡ（旅団戦闘チーム型基本戦闘単位、従来の旅団に相当）という具合に簡略化・効率化するというものであった。

また、シンセキはキャンプ座間訪問の二ヶ月前、アメリカ陸軍協会において、地域紛争や対テロ戦争に対処すべく、新型のストライカー装甲車を装備した攻撃力と機動力とに優れた部隊、いわゆるストライカー旅団の必要を訴えていた。キャンプ座間を訪れたシンセキは、「日本は米国の戦略上重要な位置を占めている」と語り、当時進行中の米軍再編成にも言及した（*TORII*〈キャンプ座間機関誌〉10 December 1999）。

シンセキの訪問の五ヶ月後（二〇〇〇年四月）、キャンプ座間に、沖縄のキャンプ・レスター内にある毒物管理センターに直接つながる、毒物専門緊急電話が設置された。表向きの理由は、

「我々は日本に居て大部分の者が日本語を話せないことから、日本の一一九番を使うことは大変むずかしい」（*TORII*, 7 April 2000）ということにあったが、明らかに対米軍テロを意識した措置であった。

同年六月、在日米陸軍／第九戦域陸軍コマンド司令部は規模を拡大し、在日米陸軍／第九戦域支援コマンド司令部（ＨＱ・ＵＳＡＲＪ／ⅨＴＳＣ）となった。

二〇〇一年九月一一日、アメリカ本土においてイスラム過激派による同時多発テロが発生した。このテロは、米軍再編成の動きを加速させ、その波は、キャンプ座間にも押し寄せた。

同時多発テロから四ヶ月後（二〇〇二年一月）、ブッシュ（ブッシュ・ジュニア）米大統領は、二〇〇二年一月の一般教書演説において、イラク、イラン、北朝鮮等を「ならずもの国家」（「テロ支援国家」）による「悪の枢軸」と批判、同年九月二〇日には「国家安全保障戦略」を公表し、「テロリスト」や「ならずもの国家」に対する「予防戦争」の必要を説いた。

「国家安全保障戦略」が公表されたのと同じ二〇〇二年九月、一九八七年一〇月以来在日米軍司令部の下に置かれ、キャンプ座間の管理にあたってきた第一七地域支援群が活動を停止し、キャンプ座間の管理は、新設された在日米陸軍基地管理本部（英文正式名称は、U. S. Army Garrison,Japan）が担うことになった。

在日米陸軍基地管理本部は、在日米陸軍司令部（在日米陸軍／第九戦域支援コマンド司令部）

在日米陸軍基地管理本部　相模原市蔵

の一部局である第一七地域支援群とは違って独立した組織で、Garrison は、「本部」よりもむしろ「司令部」と訳されるべきであろう。実際、在日米陸軍基地管理司令部と訳される場合もある。いわば在日米陸軍基地管理本部の新設は、六九年に廃止されたキャンプ座間司令部（六九年当時は在日米陸軍司令部が兼務）の復活であり、独立の基地司令部としては実に四五年ぶりの復活であった。

在日米陸軍基地管理本部の新設の二ヶ月後、今度は在日米陸軍司令官（兼第九戦域支援コマンド司令官）のトーマス・ミラーが少将から中将に昇進した（*TORII*, 18 September 2002）。このことは、ミラー中将個人のみならず、在日米軍の格上げをも意味していた（ただし、二〇一九年現在は、ヴィエット・X・ルオン少将）。

在日米軍再編計画と第一軍団司令部移転計画

二〇〇四（平成一六）年四月、米国の国防省筋は、米軍

再編成の一環として、米本土ワシントン州のフォートルイス基地にある陸軍第一軍団司令部をキャンプ座間に移転し、司令官に陸軍大将を充てる意向があることと、前年来この構想を日本政府に提示していたことを明らかにした。

第一軍団は、一九一八（大正七）年に創設された歴戦の部隊で、第二次大戦では太平洋戦線に投入されている。大戦終結後は西日本の占領統治にも参加、朝鮮戦争時には第八軍麾下の軍団として釜山に司令部を置き、中国国境近くまで進撃している。また、二〇〇四年のイラク戦争にも参加している。

ストライカー装甲車

第一軍団は、米軍の「軍事革命」（ＲＭＡ、ＩＴ化・ハイテク化を核とした軍事技術革命）のモデル部隊とされ、その麾下の旅団は、最新鋭のストライカー装甲車を配備したストライカー旅団戦闘チーム（ＳＢＣＴ）である。その戦歴と最先端の装備から言って、第一軍団は米軍の最精鋭部隊の一つと言ってよい。この第一軍団のキャンプ座間への移駐構想を含む在日米軍の再編成案の概要は、七月一四日に明らかにされ、翌一五日、日米両国はサンフランシスコにおいて本格的協議に入った。

この協議で明らかにされた在日米軍再編計画は、在日米軍と在日米空軍の両司令部を兼ねる横田基地（東京）の第五空軍をグァム島に移転し、在日米軍司令部は、米国からキャンプ座間に移転する予定の陸軍第一軍団司令部に移し、この第一軍団の司令官に在日米軍司令官を兼務させ、司令官職には現在の在日米軍司令官よりも上位の大将を補すというものであった。

このことは、在日米軍の司令官（第一軍団司令官を兼務）が太平洋陸軍の司令官（中将）よりも上位、太平洋軍（現在はインド太平洋軍）司令官（大将）と同階級となり、アジア方面の米陸海空軍および海兵隊を指揮・統括することを意味しており、在日米軍のそして在日米陸軍とキャンプ座間の米軍内における地位の上昇を意味していた。

要するに、在日米軍の再編と第一軍団司令部の座間への移転は、在日米軍に、「不安定の弧」と呼ばれるアジア（中東を含む）・太平洋全域の安定を担わせるための前線司令部としての機能を持たせることにあったのである（さらに軍事力を増強しつつある中国に対抗する意味もあった）。在日米軍の再編は、日本を米軍の国際戦略におけるアジアの前線基地とすることであり、その〈司令塔〉をキャンプ座間に置くというものであった。

このような、在日米軍の再編計画に対し、当初日本側は、日米安全保障条約（新安保条約）の「極東条項」に抵触する可能性があるとして難色を示した。ちなみに、新安保条約締結後の六〇年二月、日本政府は統一見解として、「極東」の範囲は、「フィリピン以北、日本とその周辺海域、韓国、台湾」と定義している（五章参照）。

しかし、米国（米軍）側は再編成計画を推進し、二〇〇四年八月、米軍は第一軍司令部の移駐をにらんで、キャンプ座間に司令部の「移行準備チーム」を新設した。結局、同年一一月、日本側は「日本や極東の安全に寄与する実態を損なわない限り、（極東の）域外行動も認められる」（『産経新聞』二〇〇四年一一月一四日）との見解を示した。

陸海空戦力を束ねる「極東司令部」、キャンプ座間

二〇〇五（平成一七）年二月一八日、日米両国の外務・防衛担当閣僚による日米安全保障協議委員会（通称「2プラス2」）において、無差別テロや大量破壊兵器の拡散等新たな脅威への対応など、日米共通の戦略目標が合意に達した。

さらにこの合意に基づき、一〇月二九日、「日米同盟：未来のための変革と再編」（いわゆる「中間報告」）がやはり「2プラス2」で合意された。

この「中間報告」は、空母艦載機の厚木基地から岩国基地への移駐、普天間飛行場のキャンプ・シュワブ沿岸部への移設、在沖縄海兵隊八〇〇〇名のグァム移転など米軍再編成の線に沿うものであったが、キャンプ座間の在日米陸軍司令部を「展開可能で統合任務が可能な作戦司令部組織」（『神奈川県の米軍基地』二〇〇七年版）とすること、すなわち「陸海空戦力を束ねる

『極東司令部』として大幅に機能」を「強化」すること（『産経新聞』二〇〇五年一〇月二六日）や相模総合補給廠への指揮訓練センターの新設等も盛り込まれていた。

約半年後の二〇〇六年五月一日、日米安全保障協議委員会に於いて「中間報告」をさらに具体化した「再編実現のための日米のロードマップ」（いわゆる「最終報告」）が日米間で合意に達し、五月三〇日、小泉純一郎内閣はこの合意に基づく政府方針を閣議決定した。

「最終報告」には、「在日米陸軍司令部の二〇〇八年度会計年度までの改編と人員増」（具体的には第一軍団司令部をＵＥｘに改編した上でキャンプ座間へ移転）と陸上自衛隊中央即応集団司令部（略称ＣＲＦ）を二〇一二年度までにキャンプ座間に置くことが盛り込まれていた。中央即応集団司令部は、二〇〇六年一二月に閣議決定され、対テロ戦争への対応、国際平和協力活動への積極的参加、日米安保体制に基づく米軍との連携強化等を内容とした「平成一七年度以降に係る防衛計画の大綱」（一六大綱）に基づき、二〇〇七年三月に陸上自衛隊朝霞駐屯地において組織された防衛大臣直轄の機動運用部隊である。

さらに、「最終報告」には、相模総合補給廠の敷地内にコンピューターシミュレーション装置を備えた任務（作戦）指揮訓練センターを設置することも盛り込まれた。米陸軍はキャンプ座間に四軍（陸・海・空軍及び海兵隊）の統合的指揮を行う戦闘司令部を設置することも考えており、指揮訓練センターは統合戦闘司令部における統合指揮の訓練を行う最新の訓練センターであった。

なお、「最終報告」に先立ち（二〇〇六年二月）、日米両政府は相模総合補給廠を一部返還し、補給廠を南北に縦断する道路を整備することで基本的に合意に達し、「最終報告」では小田急多摩線延伸及び多摩線との平行道路建設のための補給廠敷地二ヘクタールを返還すること、JR東日本横浜線相模原駅北口にある補給廠住宅用地及び野積場五二ヘクタールのうち一五ヘクタールを返還し（かわりに米軍相模原住宅地の住宅地に住宅増設）、三五ヘクタールを地元との共同使用地とすること（訓練・緊急時を除く）も記入された（六月六日の日米合同委員会で正式に日米合意）。

相模総合補給廠は相模原市の中心部に位置しており、補給廠の存在は道路が分断されるなど、相模原市にとって都市計画上の大きな阻害要因となっていた。

「2プラス2」の「最終報告」を受けて、二〇〇七年一〇月福田康夫内閣は、第一軍団司令部のキャンプ座間移転を受け入れる形で検討に入った。そして、同年一二月一九日、米軍は、第一軍団司令部移駐の第一段階として、第九戦域支援コマンドを再編し、第一軍団前方司令部とした。この前方司令官は在日米陸軍司令官(中将)が兼務し(第一軍団全体の副司令官も兼務)、在日米陸軍／第九戦域支援コマンド司令部は、在日米陸軍／第一軍団前方司令部（HQ・USARJ／I Corps（FWD））となった。かつて、太平洋陸軍ロバート・オード司令官が、「第一軍団が有事の際には日本に展開する」という言葉は現実味を帯びたものとなり、アジア・極東情勢如何ではキャンプ座間は、後方どころか米戦闘部隊の最前線基地司令部となる可能性が出てきたのである。また、相模総合補給廠の管理を担当していた第三五補給管理大隊は、二〇〇二年第一七地域支援群の活動停止にともない在日米陸軍基地管理本部の麾下に移り、さらに二〇〇六年一〇月第三五戦闘維持支援大隊に改編されている。米軍再編成の影響であり、相模原が米軍にとっての最前線の基地となったことを物語るエピソードの一つと言えよう。

二〇〇九年一二月、複数の米軍関係者が、第一軍団司令部のキャンプ座間への移転計画が中止（正確には保留か）になったことを明らかにした（『東京新聞』二〇〇九年一二月九日）。

在日米陸軍／第一軍団前方司令部　相模原市蔵

しかしながら、事態はさほどに単純なものではない。第一軍団前線司令部の人員（約九〇名）は、米国にある司令部（約三〇〇名）の三分の一弱に過ぎないが、司令部に替わりうる能力を充分持っているとも言われている（極言すれば、前方司令部の設置によって、第一軍団司令部＝「陸軍極東司令部」は、既にキャンプ座間に移転しているとも言える）。実際、二〇〇九年一二月に自衛隊の北海道千歳駐屯地で実施された日米共同のCPX（指揮所演習）に参加した第一軍団前方司令部は、米軍関係者から極めて高い評価を受けている。

また、先述したように第一軍団司令部がキャンプ座間に移転した際には、その司令官には大将が任命されることになっている。さらに、米本国の司令部は、いつでも移転可能な状態に置かれている。相模原と座間は極東方面における米軍の「橋頭堡」から、アジア・太平洋方面における米軍の〈司令塔〉に〈昇進〉する可能性を常に秘めているのである。

2　第一軍団司令部移転反対の動き

司令部移転反対の動き

在日米軍の再編については、日本でも二〇〇四年三月頃から徐々に報道されるようになり、特に第一軍団司令部のキャンプ座間への移駐についてはしばしば論ぜられるようになった。しかし、この頃はまだ地元への情報提供はなく、神奈川県や相模原市及び座間市は、事実関係を政府に照会し、地元への情報提供や地元の意向を尊重するよう繰り返し要請、外務省にも関係者がしばしば足を運び情報の収集につとめた。

二〇〇四年六月、松沢成文神奈川県知事が訪米、米国務省・国防総省に神奈川県の基地の実情を伝え、合わせて基地機能を強化しないよう要請したが、相模原市ではこれに先立ち（六月一四日）、地元の意向を尊重するよう米政府に求めることを知事に要望するとともに、外務省に対し、第一軍団司令部の移転反対と移転に関する情報の提供に関する要望書を提出した（以後、この種の要望は、日本政府、外務省、防衛庁等に対してしばしば提出されることになる）。

そして、この約一ヶ月後には、小川勇夫市長を会長とする「相模原市米軍基地返還促進等市民協議会」（以下相模原市市民協議会と略記）が司令部移転に反対する意思を確認し、八月二六日には市議会が移転反対を求める意見書を可決した。

一一月一日、相模原市は、司令部移転問題など基地問題についての市民意見の募集を開始し、さらに同月二三日、移転反対、米軍基地の早期返還、航空機騒音の早期解消を求める横断幕を市役所や市内四つの鉄道駅に掲げた。

一二月一日には、『広報さがみはら』に移転問題に関する連載が開始され、翌二〇〇五年二月一五日には『広報さがみはら』とは別に『市民協議会ニュース』も創刊された。

一方座間市は、二〇〇四年三月二四日に座間市議会が「日米地位協定の抜本的改正を求める意見書」及び「米陸軍第一軍団司令部のキャンプ座間移転に強く反対する意見書」を可決、さらに八月三一日には「キャンプ座間への米陸軍第一軍団司令部、沖縄海兵隊等の移転に反対する決議」、一〇月一八日には「キャンプ座間への米陸軍第一軍団司令部等の移転に反対する決議」を可決した。

その四日後の一〇月二二日には曽根寿太郎（としたろう）市議会議長が外務省、防衛庁に、二六日には木村正博副議長が在日米陸軍司令部（在日米陸軍／第九戦域支援コマンド司令部）に議会決議文を直接提出した。星野勝司（かつじ）市長も、六月から七月にかけて四度にわたって政府に赴き、「政府から何の状況も提供されない」ことへの不信感と基地の全面返還を求める本市としては（第一軍団移駐を）到底容認できない」旨を訴え、さらに一〇月二三日には、改めて細田博之官房長官、町村信孝外相、大野功統（よしのり）防衛庁長官等を訪問、司令部の移転反対と迅速な情報提供を強く要請した（『広報ざま』第七二三号）。

そして一一月一六日には、市議会・自治会連絡協議会が市民と一体となり、「日本政府に対し早急に的確な情報提供を求めるとともに、第一軍団司令部等のキャンプ座間への移転について反対の意思を表明し運動を興す」（「キャンプ座間米陸軍第一軍団司令部等移転に伴う基地強化に反対する座間市連絡協議会設立趣意書」座間市役所ホームページより）ため、「キャンプ座間米陸軍第一軍団司令部等移転に伴う基地強化に反対する座間市連絡協議会」（会長　星野市長、以下座間市連絡協議会もしくは連絡協議会と略記）が組織された。

連絡協議会は同月一九日には、小泉純一郎首相等に基地強化反対決議書を提出、二四日には「キャンプ座間への米陸軍第一軍団等の移転反対」と記した懸垂幕を、市役所正面玄関脇時計塔および大坂台公園の時計塔に掲出した。

この頃相模原市と座間市、神奈川県は、第一軍団司令部移転反対に関して共同歩調をとることが多かった。二〇〇五年一月二六日、星野座間市長は相模原市助役とともに町村外相を訪問、司令部移転反対の意向を伝え、同月三一日には連絡協議会が、相模原市市民協議会とともに新堀典彦県議会議長を訪問、地元の意向を伝えた（前掲『座間市史』5）。

しかし先述したように同年二月一八日、日米安全保障協議委員会（「2プラス2」）は、日米共通の戦略目標で合意に達し、キャンプ座間への第一軍団司令部移転への布石がつくられた。

この事態を重く見た、相模原・座間両市は、三月二二日、相模原市市民協議会及び座間市連絡協議会の両会長らが、町村外相と大野防衛庁長官を訪ね遺憾の意を伝え、「（司令部の移駐は）基地機能強化・恒久化につながることは明白であり、反対である」と改めて申し入れ、さらに、今後の日米間協議は、地元の意向を重視して適切に協議するよう強く求めて、要請書を直接手渡した。

これに対し、町村外相と大野防衛庁長官は「まだ自衛隊と米軍の役割分担など、さまざまな議論をしている段階であり、具体的な話はまだできない。『決まったから』お願いしますというようなことはしない」と回答している（『広報ざま』第七三四号）。

なお、相模原市・座間市両協議会の外相・防衛庁長官訪問に先立って、相模原市では市内各自治会の掲示板等に第一軍団司令部の移駐に反対するポスターが掲示された（三月一八日）。そして、三月三〇日、相模原市議会が移転に反対する意見書を再度可決し、一方座間市連絡協議会は、五月までに司令部移転に反対する市民の署名六万を集め、大野防衛庁長官、逢沢一郎外務副大臣に手渡し、七月一日にジョン・トーマス・シーファー駐日米大使及び在日米陸軍司令官に対し、司令部移転に反対する要請を行った。

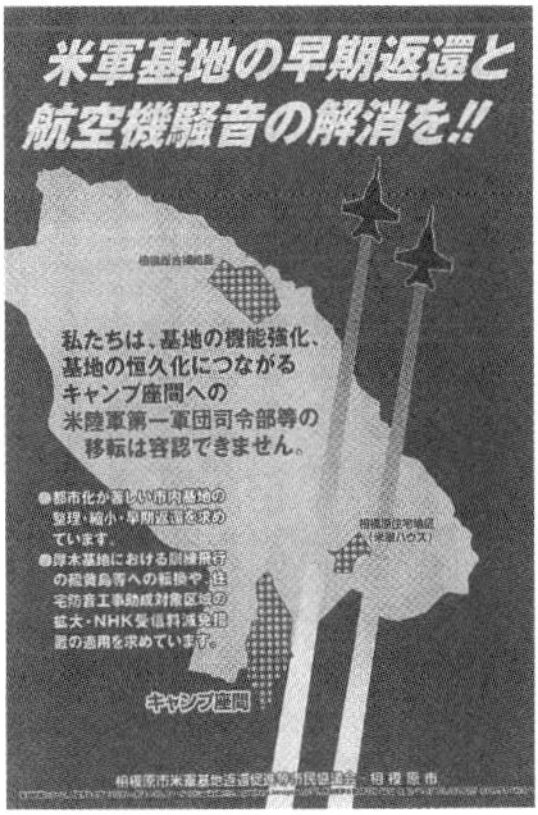

六月になると相模原市内各自治体において司令部移転反対の署名活動が開始され、八月にはこの署名を添えて「基地問題の早期解決を求める」要望が、小泉内閣総理大臣や町村外相、さらにはシーファー駐日米国大使等に提出された。

八月二六日には、第一軍団司令部の移転計画の撤回と米軍基地の早期返還を求める相模原市市民協議会会長（小川相模原市長）の書簡と座間市連絡協議会の「キャンプ座間への第一軍団司令部等の移転を絶対に行わないようにお願い

第一軍団司令部移転反対のポスター　2005年3月　相模原市蔵

する書簡」(『広報ざま』第七四四号)が、コンドリーザ・ライス米国務長官とドナルド・H・ラムズフェルド国防長官に送られた。

これより先、座間市連絡協議会は、米国、米国民に対し、市ホームページの英語版ページを用いて、「座間市民は、第一軍団が来ることについて『ノー』と言う声を米国の皆様にはっきりとお伝えします。——中略——貴国のラムズフェルド国防長官が『歓迎されない所に米軍は行かない』と明言されましたが、私たちはそれを実行していただきたいと思います」とのメッセージを送った(七月二九日)。九月三〇日、相模原市は外相、防衛庁長官、官房長官に宛てて、「在日米軍再編に関する地元への情報提供等を求める文書」の照会を求めた。

しかし、これに対しては、一〇月一一日に防衛庁から「個別の基地に関し、米側との協議内容は申し上げられる段階ではない」(『広報さがみはら』二〇〇六年六月一一日 号外)と電話回答を得ただけであった。

二〇日、小川相模原市長は、再度訪米する松沢県知事に米国国務、国防両長官宛の書簡を寄託、渡米した松沢知事は、米国務省、国防総省に再度基地機能強化反対の要請を行うとともに、小川市長の書簡を両長官に手渡した。座間市連絡協議会も一〇月五日に星野会長等が外相と防衛庁長官を訪問、「米軍再編にかかる中間報告前の関係自治体への事前説明を控えるこの時期に、基地の強化・恒久化に反対する地元の意向に沿って今後とも協議に当たるよう」要請文を手渡した（『広報ざま』第七四四号）。

また、これに先だって九月一四日から一六日にかけて連絡協議会は、座間駅、さがみ野駅、相武台前駅、小田急相模原駅の駅前において移転反対のビラを配布した。

しかし、同月二九日、「2プラス2」の「中間報告」が出され、第一軍団司令部のキャンプ座間への移転はいよいよ濃厚となってきた。翌三〇日、小川相模原市長は「中間報告」へのコメントを発表、司令部移転反対の意志を改めて表明した。

一一月四日には、市議会が全員協議を開催、一一日相模原市議会臨時会が、「中間報告」に断固抗議し、撤回を強く求める決議を可決、同日、『広報さがみはら』の号外「基地問題特集号」も発行された。

一一月一三日、相模原市民協議会主催の「基地強化反対、早期返還を！緊急市民集会」が相模原市民会館ホールで開催され、一七一〇人の市民を集めた。同集会は、同日、基地強化反対、早期解決実現の決議をなし、決議書をキャンプ座間及び相模総合補給廠に提出した。

一八日には同決議書と相模原市議会の決議書（市民集会の決議書とほぼ同内容）が、外務大臣と駐日米国大使に提出された。

一二月一五日には、米国国務、国防両長官等へ基地についての意見を葉書で送る運動が相模原市内で開始され、二六日には二〇〇四年一一月二三日に市役所や鉄道駅に掲げられた移駐反対の横断幕が更新され、さらに四ヶ所に増設された。

座間市では、一一月一七日星野連絡協議会会長が、説明のため座間市を訪れた大野防衛庁長官に対し、移転反対の基本姿勢は変わらない旨を伝えた。翌一八日には、連絡協議会主催の「キャンプ座間の基地強化・恒久化に反対する市民大集会」が、市民文化会館大ホールで開催され移転反対の決議文を採択した。二一日、この採択文は星野連絡協議会会長から安倍晋三官房長官に手渡された。

補給廠の一部返還と相模原市の司令部移転容認

二〇〇六（平成一八）年一月二九日、相模原市自治会連合会が相模原駅前において「米軍基地反対市民大会」を開催、一二〇〇名の市民が参加、要請文を採択後、相模補給廠外周遊路でデモ行進を実施した。さらに二月三日、同連合会は麻生太郎外相、額賀福志郎防衛庁長官等に対する要望活動を実施した。第一軍団司令部移動反対運動は、草の根運動としての広がりを見せて来たのである。

この頃、日米両政府は相模総合補給廠の一部を地元に返還し、一部を米軍と地元の共同利用に供することで意見の一致を見ていた。三月一七日、防衛施設庁次長が、県庁と相模原、座間両市を訪れ、「相模補給廠の一部返還」を持ち出し、「司令部移駐に理解を要請」した（『神奈川新聞』二〇〇六年三月一八日)。

「相模原補給廠の一部返還」は、都市計画上の必要から相模原市が長年要求していたものであった。米軍と日本政府は、地元の要望を有る程度汲み入れることによって「司令部移駐に理解」を得ようとしたのである。

しかし、「相模原補給廠の一部返還」によって利益を得るのは、県及び補給廠の敷地がある相模原市のみであり、座間市には何のメリットもなかった、案の定、この申し出に対し座間市は「不信を新たにし」(同)た。

一方、相模原市も、この返還案が国への有償返還を前提としており、返還面積も相模原市側の希望よりも少ないものであったため、当初はこの提案を拒絶したが、結局、当初米軍との共同利用地とされたJR横浜線沿いの補給廠敷地約二ヘクタールを返還地に含めることで、返還案に合意した。

二〇〇六年五月一日、「再編実現のための日米のロードマップ」(「最終報告」)が発表され、第一軍団司令部のキャンプ座間移転は確定的となった。

「最終報告」が明らかにされた後、一部マスコミは、相模原市が相模総合補給廠の一部返還と引き替えに司令部の移転を容認したかの如き報道をなしたが、小川市長は、五月一〇日に開かれた相模原市市民協議会において、「(相模補給廠について)一七ヘクタールの返還には現実的に対応したい」と述べる一方、第一軍団司令部の移動など基地の強化・恒久化には「最後まで反対する」と、従来の主張をあらためて強調した（『神奈川新聞』二〇〇六年五月一一日）。

五月三〇日、小泉純一郎内閣は、「最終報告」に基づいた政府方針を閣議決定した。その一〇日後（六月一一日）、『広報さがみはら』のなかで小川市長は、「基地の強化、恒久化を心配する地元の切実な声が届かなかったことは、残念至極」としながらも、「今後、キャンプ座間及び相模原総合補給廠に関連施設が建設され、また、相模原住宅地区には家族住宅が創設される予定です。これら司令部設置に伴う施設整備計画を厳しくチェックし、必要な注文を出すなどして、市民生活への影響を極力少なくしてまいります」と述べた。

小川市長や相模原市当局は、第一軍団司令部の移転について、座間市との共闘という気持ちを有しつつも、相模総合補給廠の一部返還を前に、「司令部設置に伴う施設整備計画を厳しくチェックし、必要な注文を出すなどして、市民生活への影響を極力少なく」する方式へと苦渋の選択をなしたのであった。

しかし、このような選択に対しては、第一軍団司令部及び陸上自衛隊中央即応集団司令部の移転、相模総合補給廠への指揮訓練センターの設置に反対する人々や補給廠の全面返還を求める人々からは強い反対が表明され、たとえば二〇〇九年一一月には、中央即応集団司令部のキャンプ座間移転に反対する市民約四〇〇人が、自衛隊宿舎予定地の周辺五〇〇メートルを「人間の鎖」で囲み抗議の意志を表した。

もっとも、相模原市も第一軍団司令部の移転を単純に容認したというわけではない。

二〇〇七年八月一四日、高見澤將林（のぶしげ）横浜防衛施設局長が、第一軍団司令部の移行チーム（第一軍団前方司令部のこと）が発足することを連絡するために、相模原市、座間市、神奈川県庁を訪問した。この時は、加山俊夫相模原市長(小川前市長は二〇〇七年三月に死去)は不在であったため、一七日今度は北原巌男（いわお）防衛施設庁長官が改めて加山市長を訪問、移行チームの発足を伝えた。

その折り加山市長は、「最終報告」以降具体的な説明がないのに、新司令部移行チーム発足を一方的に進行するのでは市民の理解は得られない、と苦言を呈した（前掲『相模原市史』現代通史編）。

〈兵糧攻め〉と座間市の移転容認

先述したように、相模総合補給廠の「一部返還」は、座間市に何等のメリットももたらすものではなかった。

二〇〇六（平成一八）年五月三日、防衛施設庁から「最終合意」についての説明を受けた座間市連絡協議会は、「最終合意の内容は、今日までの国の対応姿勢からして到底承服しかねるものであり、将来にわたる国の責任の持てる恒久化解消策について示すよう引き続き求めていく」ことを即日決定し、一一日には星野連絡協議会会長（市長）らが麻生外相と額賀防衛庁長官を訪問、「最終合意」反対の姿勢を明らかにした（『広報ざま』第七六一号）。

そして、座間市は、これ以後も約二年間にわたって、第一軍団司令部のキャンプ座間移転やキャンプの強化・恒久化に反対する立場を堅持することになる。

二〇〇七年六月二八日、高見澤横浜防衛施設局長が座間市を訪れ、星野連絡協議会会長（市長）等に「（第一軍団司令部の移駐は）まだ調整段階であり」、「（移駐については）今後米側との協議の中で明らかになった時点で伝える」（『広報ざま』第七八九号）旨を伝えた。

だが、八月一四日、高見澤局長は神奈川県、相模原市とともに座間市を訪問、第一軍団司令部移行チームの発足を伝えた。これに対しては相模原市も不快・不信を表明したが（先述）、座間市も当然のことながら反発し、九月一三日、星野連絡協議会会長は、組織の名称変更（横浜防衛施設局→南関東防衛局）と就任の挨拶に座間市を訪れた齊藤敏夫南関東防衛局長に対し、「移行チーム」問題について質し回答を求めた（『協議会ニュース』Vol. 25）。

さらに、一〇月一三日と一四日に、第一軍団司令部用の車輌十数台が陸揚げされたとの新聞報道がなされると、座間市連絡協議会は、齊藤局長に対し、「早急に事実を確認し回答するよう口頭で求めるとともに、十七日には改めて文書で要請」（同上）した。

これに対し、南関東防衛局側からは、企画部長が「事実を確認中なので、わかり次第回答する」との答えがあったが、星野連絡協議会会長は、「まだ調査中かという感がある」と不快の念を表明し、「重大な問題であるため、至急の回答を望む」とコメントした（同上）。

あくまで第一軍団司令部移転反対の立場を貫こうとする座間市を待ち受けていたものは、〈兵糧攻め〉であった。

二〇〇七年五月三〇日、先の「最終報告」に基づき「駐留軍等の再編の円滑な実施に関する特別措置法」が施行された。これは、米軍の再編成にともない、米軍の基地や施設を有する自治体や自治体住民の負担を軽減し、さらにはその自治体の産業の振興や住民の生活の利便性を図る為に「再編交付金」を交付するというものであった。

この交付金は、二〇〇八（平成二〇）年度から交付されることになっていたが、「駐留軍等の再編」に反対する座間市や沖縄県名護市、山口県岩国市などは除外された。

「再編」は、これらの自治体の意志にかかわりなく進められ、自治体や住民の物的、精神的支出は必然的に拡大する。とは言っても、全国的な景気低迷のなか税収増は見込めず、自治体の財政は逼迫している。しかし、「再編」に異を唱える自治体には「再編交付金」は交付されない。これは〈兵糧攻め〉以外の何物でもない。「再編」に反対していた自治体は、次々に〈落城〉し、最後まで反対していた座間市も二〇〇八年七月二八日、ついに第一軍団司令部移駐を〈容

表3　米軍基地・施設が返還された場合の税収入財政シミュレーション結果

項　目	キャンプ座間	相模総合補給廠	相模原住宅地区	合　計
固定資産税	869	1271	301	2441
市民税（個人）	534	225	182	941
都市計画税	239	286	98	623
合　計	1642	1782	581	4005
基地交付金及び調整交付金の額（2001年実績）				1113
基地返還による市歳入の増減（シミュレーション結果）				2892

出典：『相模原市と米軍基地』2002年版　　単位：百万円

認〉し、「再編交付金」を受ける道を選んだ。

もっとも、基地関係交付金（基地交付金、調整交付金、再編交付金）が自治体の満足のいく額かどうかは疑問があるところである。表3は、相模原市が二〇〇一年度の税収実績をもとに、キャンプ座間など市内三つの米軍基地・施設が返還され、固定資産税等が賦課された場合を想定しての、財政（税収入）シミュレーションの結果である。

これによると、固定資産税、市民税、都市計画税の合計は、約四〇億円となり、基地・施設が返還された場合に停止される基地交付金と調整交付金の額を差し引いても、約二九億円の税収増となる。財政の面からも、米軍の基地や施設の存在は、自治体にとって大きな桎梏となっているのである。

とは言え、現実を見た場合、座間市にとって第一軍団司令部の移駐〈容認〉以外に取るべき途はなかった。

終章　米軍リバランスとミサイル防衛部隊司令部

相模総合補給廠　朝日新聞社提供

アジアへの米軍リバランス

二〇一〇（平成二二）年二月、米国防総省は、米国の戦略目標や米国にとっての潜在的軍事的脅威について分析した報告書 *Quadrennial Defense Review*（QDR、「四年ごとの国防計画の見直し」などの邦訳が充てられる）を四年ぶりに発表した。QDRは、一九九七年に初めて策定され、以来文字通り四～五年ごとに改定・発表されているものである。前回発表されたQDR（二〇〇六年度）は、九・一一同時多発テロ後に作成されたもので、対テロ戦争が前面に出されたが、二〇一〇年度のQDRは、中国の軍事力増強について強い懸念が前面に出されていた（平和・安全保障研究所編『アジアの安全保障』2011-2012［以下『安全保障』〇〇-〇〇と略記］）。

翌二〇一一年二月、マイケル・G・マレン米統合参謀本部議長は、中国の政治的・軍事的プレゼンスの拡大や朝鮮半島情勢の緊張化を受けて、「国家軍事戦略」（NMS）を七年ぶりに改定・策定し、そのなかで、「（米軍が）今後数十年は北東アジアで強力な軍事プレゼンスを維持する」と論じた（同書）。同年一一月、オーストラリアを訪問したバラク・H・オバマ米大統領は、アジア・太平洋地域が、米戦略にとって最優先事項のひとつであると語った。

これは、アジア・太平洋地域における確固たる米軍プレゼンスの構築が、オバマ政権の軍事戦略の重点であることを表明したものであった。二〇一二年一月五日、オバマ大統領は、新たな「国防戦略指針」（ＤＳＧ）を発表、アジアへのリバランス（米戦略の見直し）を明らかにした（『安全保障』２０１３‐２０１４）。

二〇一四年三月、「アジア太平洋地域などの重要地域への海軍前方展開部隊の追加配備や艦艇・航空・地上部隊などの新たな組み合わせ」（『防衛白書』平成29年版）を盛り込んだ、ＱＤＲ‐２０１４が公表された。ＱＤＲ‐２０１４は、「国防戦略の柱と緊密に整合する能力分野」として、ミサイル防衛、核抑止など九分野を掲げた（同書）。

同年一一月、チャールズ・Ｔ・ヘーゲル国防長官は、「第三のオフセット戦略」を目指す「国防イノベーション構想」を発表した。「オフセット戦略」とは、仮想敵との戦力均衡状態を打開するために、敵に対する非対象的な兵器を開発・獲得することにより、敵の能力をオフセット（相殺）するものである。

ちなみに、一九五〇年代の「第一のオフセット戦略」の軸は核抑止力、七〇年代の「第二のオフセット戦略」のそれは、長射程精密誘導弾、ステルス航空機などの新システムに基づく精密兵器である。

「第三のオフセット戦略」は、「通常戦力による抑止を強化するため、技術・組織・運用の各方面において相手に対し優位性を得ること」を「ねらい」とし、そのための開発投資として「人間と機械の協働及び戦闘チーム化」を「重視」するというものである（同書）。

二〇一五年四月、外務・防衛担当閣僚による日米安全保障協議委員会（「2プラス2」）が開かれ、一八年ぶりに「日米防衛協力のための指針（ガイドライン）」の改定が合意された。新「ガイドライン」は、「平時から緊急事態までのいかなる状況においても日本の平和及び安全を確保するため、また、アジア太平洋地域及びこれを超えた地域が安定し、平和で繁栄したものとなるよう」、リバランス体制下での「日米両国間の安全保障及び防衛協力」を前面に打ち出した（「日米防衛協力のための指針」、同書）。なお、本「ガイドライン」のⅣのAには、「自衛隊及び米軍は、弾道ミサイル発射及び経空の脅威に対する抑止及び防衛体制を維持し及び強化する」とあり、日米のミサイル対処能力の向上とそのための協力が盛り込まれている（同上、同書）。

米軍リバランスと日本、キャンプ座間

米戦略のアジアへのリバランスは、日米の「同盟」関係、日本の防衛計画に当然影響を及ぼした。

二〇一〇（平成二二）年一二月、菅直人内閣は、「平成二十三年度以降に係る防衛計画の大綱（二二大綱）」を閣議決定した。

「二二大綱」は、「アジア太平洋地域の安全環境の一層の安定化とグローバルな安全保障環境の改善のため」、冷戦時代の自衛隊のあり方を見直し、機動力と即応性を重視した「動的防衛

力」という概念を打ち出していた（前掲『安全保障』２０１１‐２０１２）。「二三大綱」は、小泉政権下で決定された前の「大綱」（「平成一七年度以降に係る防衛計画の大綱［一六大綱］」、第七章参照）と異なり民主党政権のもとで決定された「防衛大綱」ではあったが、「一六大綱」の内容を敷衍し、それを米戦略のアジアへのリバランスに適応させたものであり、「一六大綱」に基づき組織された防衛相直轄の機動運用部隊である陸上自衛隊中央即応集団司令部（ＣＲＦ）の存在を前提としていた。

二〇一二年二月、二〇〇六年の「ロードマップ」合意（第七章参照）の見直しが日米間で合意され、四月二七日この合意に基づき発表された「２プラス２」の共同発表において、日米間の「動的防衛協力」という用語が日米間の公式文書上初めて使用された。

そしてこの共同発表の三日後、オバマ米大統領と野田佳彦首相は、ワシントンにおいて共同声明「未来に向けた共通のビジョン」を発表し、日米が「アジア太平洋と世界の平和、繁栄を推進するため、あらゆる能力を駆使することで役割と責任を果たす」ことを強調、自衛隊と米軍の「動的な防衛協力の推進」について述べた。

同年一二月、総選挙の結果、自民党が政権の座に返り咲き第二次安倍晋三内閣が成立すると、アジアへのリバランス体制のもとでの日米の「動的な防衛協力」はさらに推進される。

一三年二月、安倍首相は「国家安全保障会議創設に関する有識者会議」を設置、米国の国家

陸上自衛隊中央即応集団司令部新庁舎の落成　2013年3月　キャンプ座間

安全保障会議（ＮＳＣ）をモデルとする日本版国家安全保障会議の創設に乗り出した。六月、「有識者会議」での議論を経て作成されたＮＳＣ法案が閣議決定され、一一月には同法案が国会を通過、一二月安倍首相を議長、閣僚を構成員とする日本版国家安全保障会議が発足した（『安全保障』２０１４-２０１５）。

「国家安全保障会議創設に関する有識者会議」創設の翌月、予定通り二〇一二年度内に陸上自衛隊中央即応集団（ＣＲＦ）司令部は、朝霞からキャンプ座間に移動した。同時に朝霞駐屯地座間分屯地は座間駐屯地に昇格した。この移動の約一年前、日米共同指揮所演習（「ヤマサクラ」）参加のために来日していた、フランシス・ワーシンスキー米太平洋陸軍司令官（元在日米陸軍司令官）は、「中央即応集団が（キャンプ座間に）移転すれば直接のリンクができる」と日米連携への期待感を示していた（『神奈川新聞』［デジタル版］二〇一二年一月三〇日）。

また、同司令部の移転式典において、マイケル・ハリソン在日米陸軍司令官は、「ＣＲＦ司令部移転は日本の安全保障とアジア太平洋地域全体の平和と安全に寄与する」（同、二〇一三年三月二六日）と述べた。なお、中央即応集団司令部移転の一年半前には、二〇〇六年の日米「ロードマップ」で設置が予定されていた任務（作戦）指揮訓練センター（現、任務訓練施設）が相模総合補給廠に開設されているが（すでに世界二七ヶ所に置かれているがアジアではじめて）、訓練センター開設に先立ちランドール・バウカム総合補給廠広報室長は、「自衛隊とも訓練ができるようになりたい」（同、二〇一一年七月八日）と述べている。

二〇一四年一月、安倍首相は所信表明において集団的自衛権に言及、七月従来の憲法解釈を変更し、集団的自衛権を限定的に行使することができるとする見解を表明した。この三ヶ月前（四月）、国賓として来日したオバマ大統領と安倍首相は、共同声明において日米同盟を再確認し、米国のリバランス政策と安倍首相が唱える積極的平和主義が、「平和で繁栄したアジア太平洋地域を確かなものにするため、同盟が主導的な役割を果たすことに寄与する」と位置付けていた（『安全保障』２０１５－２０１６）。

オバマ・安倍共同声明の半年後、一四年一〇月から一一月にかけて、リバランス戦略のもと米陸軍が推進している「パシフィック・パスウェル」構想の一環として、日米合同演習「オリエント・シールド」が北海道において実施された。「パシフィック・パスウェル」は、「旅団レベル以下の部隊が三カ月ほど演習で各国を渉り歩きつつ、緊急事態にも即応できる姿勢を維持しておくという構想」（同書）で、「オリエント・シールド」以前にはマレーシアとインドネシアにおいて現地軍と米陸軍による同様の演習が実施されていた。また、「オリエント・シールド」の中心となった米軍部隊は、キャンプ座間に移転が予定されている第一軍団司令部麾下の第七歩兵師団に隷属する米第二ストライカー旅団戦闘チームであった。

二〇一五年四月、先述したように「2プラス2」において、一八年ぶりに「日米防衛協力のための指針（ガイドライン）」が改定され、「日米両国間の安全保障及び防衛協力」において「切れ目のない、力強い、柔軟かつ実効的な日米共同の対応」、「政府一体となっての同盟としての取組」（前掲「日米防衛協力のための指針」）等が強調された。

翌月、第三次安倍内閣は、中央即応集団のもつ機動性をさらに高めた陸上総隊の設置を決定した。（陸上総隊の設置は、二〇一三年一二月の「中期防衛力整備計画」［平成二六年度〜平成三〇年度］において明らかにされていた。）二〇一七年五月、自衛隊法が改正され、翌一八年三月中央即応集団が廃止され、代わって陸上総隊が設置された。同総隊の司令部は、都心からの距離等の理由により自衛隊朝霞駐屯地に置かれることになったが、米軍との連絡調整を行う総隊日米共同部は、キャンプ座間（座間駐屯地）に置かれている。

「2プラス2」による「ガイドライン」改定の翌月（二〇一五年五月）、政府臨時閣議は、「集団的自衛権の限定行使と、自衛隊の海外活動拡大を図る新たな安全保障法関連法案」（『安全保障』２０１６－２０１７）を決定した。法案は、翌年九月国会を通過、同月三〇日「我が国及び国際社会の平和及び安全の確保に資するための自衛隊法等の一部を改正する法律」（通称、「平和安全法制整備法」）と「国際平和共同対処事態に際して我が国が実施する諸外国の軍隊等に対する協力支援活動等に関する法律」（通称、「国際平和支援法」）として公布された。

相模総合補給廠にミサイル防衛部隊司令部

二〇一七（平成二九）年一月二〇日、共和党のドナルド・Ｊ・トランプが第四五代米国大統領に就任した。

「米国第一主義」を掲げるトランプ政権は、政治・経済・外交など多くの面においてオバマ前政権からの転換を推進している。しかし、「同盟」諸国との防衛協力強化や米軍のプレゼンス強化については、前政権の路線を踏襲しているように見える。アジアへのリバランス戦略も基本的に引き継いでいると考えられる。

同年八月、ワシントンにおいて二年四ヶ月ぶりに日米安全保障協議委員会（「２プラス２」）が開催されたが、そこではオバマ大統領時代の二〇一五年四月に合意された「日米防衛協力のための指針（ガイドライン）」（先述）に基づく防衛協力の拡大が再確認された（『安全保障』２０１８－２０１９）。

そして二〇一八年五月、ジェームズ・N・マティス米国防長官は、在日米軍を傘下に持つ太平洋軍司令官の交代式において、「太平洋とインド洋にわたる同盟国や友好国との関係は、同地域の安定を維持する上で極めて重要だ」、「インド洋と太平洋の連結性が高まっている」と語り、太平洋軍を「インド太平洋軍（USINDOPACOM）」に改名すると発表した（『朝日新聞』デジタル版、二〇一八年五月三〇日）が、この改名がリバランス戦略と無関係でないことは言うまでもない。

二〇一七年一二月一八日、トランプ政権下初の『国家安全保障戦略』（NSS-2017）が発表された。同『戦略』では、トランプ政権のスローガンである「米国第一主義」が再確認されているが、地域ごとの戦略も示されており、インド太平洋地域では戦略の優先事項のひとつとして、日本および韓国とのMD（ミサイル防衛、もしくは弾道ミサイル防衛）協力」が挙げられた（『安全保障』2018-2019）。

ミサイル防衛とは、主として弾道ミサイルから特定の区域を防衛することおよびその構想である。実はトランプ政権は発足当初（一月二〇日）に、外交、軍事など「六つの政策の基本」について公表、その四番目として「我々の軍隊を再び強くする」政策を掲げ、さらにこの「強くする」政策の主要内容のひとつとして「イランや北朝鮮などの国からミサイル攻撃を防ぐ最新のミサイル防衛システムを開発する」を挙げていた（前掲『防衛白書』平成29年版）。また、八月の「2プラス2」（先述）において、イージス・アショアなどの新たなMD防衛システムを日本が導入することについて、米国が協力することが日米間で合意されている。もっとも、二〇一五年の「日米防衛協力のための指針（ガイドライン）」においても、日米の協力によるミサイル対処能力の向上が盛り込まれており、リバランス同様MD協力もまたオバマ前政権の路線を引き継いだものと言える。

二〇一八年一〇月一六日、NSS-2017が発表された約一〇ヶ月後、相模総合補給廠において第三八防空砲兵旅団司令部が活動を再開した（司令部開設）。

第三八防空砲兵旅団司令部は、ハワイに司令部を置く第九四陸軍防空ミサイル防衛コマンド（太平洋陸軍麾下）に隷属し、すでに日本に配置されている第一〇ミサイル防衛中隊（青森県車力）、第一四ミサイル防衛中隊（京都府京丹後市経ケ岬）、第一防空砲兵大隊第一大隊（沖縄県嘉手納）を指揮統制するものとされた。

この三つの部のうち、第一〇および第一四ミサイル防衛中隊は、TPY2レーダーいわゆるXバンド・レーダーを配備した部隊であり、第一防空連隊は、地対空迎撃ミサイルPAC3（パトリオット）を配備した部隊である。また、将来的にはグァム島のアンダーセン基地に配置されたTHAAD（戦域高高度防衛ミサイル）装備部隊も、第三八防空砲兵旅団の指揮統制下に入ると言われている。

部隊旗を託されるパトリック・コステロ旅団長（右）2018年10月31日　キャンプ座間　朝日新聞社提供

なお、第三八防空砲兵旅団の開隊に先立ち、相模総合補給廠にあった第三五戦闘維持支援大隊はキャンプ座間に移動し、第一軍団前方司令部（実際は、在日米陸軍／第一軍団前方司令部）に直属することになった（序章図1参照）。同大隊移動後の相模総合補給廠の維持管理は在日陸軍管理本部内の部局か、第四〇三戦場支援コマンド本州兵站センターが行っているものと考えられる。

第三八防空砲兵旅団が隷属する第九四陸軍防空ミサイル防衛コマンドの前身は、一九四〇（昭和一五）年に編成された第九四海岸砲兵隊である。同砲兵隊は、第二次大戦中の四三年に第九四対空砲兵群に再編され、太平洋戦線に投入された。

同砲兵群は、大戦後の四七年三月にフィリピンにおいて活動停止となったが、冷戦さなかの一九六〇年、ドイツにおいて、第三二陸軍防空司令部麾下のミサイル部隊、第九四砲兵群として活動を再開し、さらに七二年組織変更により第九四防空砲兵群となった。

その後同砲兵群は第九四防空砲兵旅団となり、九〇年から九二年にかけて湾岸戦争後のペルシア湾に派遣され、九八年に活動停止となったが、二〇〇五（平成一七）年ハワイにおいて第九四陸軍防空ミサイル防衛コマンドとして活動を再開した。

第三八防空砲兵旅団の歴史は、第九四陸軍防空ミサイル防衛コマンドよりも古い。同旅団の前身は、一九一八年にヴァージニア州で創設された第三八砲兵旅団である。三三年、第三八海岸砲兵旅団となり、第二次大戦中に組織変更により第三八対空旅団となりヨーロッパに派遣され、有名なアルデンヌの戦いにも参加した。

戦後の五一年に米本国において活動停止となったが、六一年ホーク・ミサイルを装備した第三八砲兵旅団として、在韓米空軍の指揮下（所属は陸軍）で活動を再開した。八一年、同旅団は韓国において活動を停止したが、二〇一八年、「インド太平洋軍の統合的なミサイル防衛面を支えるために、また日米同盟を強固なものにする」（ウィキペディア、英語版）ために、日本各地の米軍ミサイル防衛部隊を指揮統括する部隊として活動を再開したのである。

「インド太平洋軍の統合的なミサイル防衛面を支えるため」であろうか、第三八防空砲兵旅団は、在日米陸軍とは協力・調整関係（Coordinating Relationship）にはあるが、在日米陸軍／第一軍団司令部の麾下にも指揮下にもない（序章図1参照）。（ただし、在日米陸軍司令官兼第一軍団前方司令官は、日本国内にある全米陸軍の最先任司令官［Senior Mission Commander」であり、状況によっては第三八防空砲兵旅団の指揮権を有すると考えられる。)

ちなみに、一九四七年の「国家安全保障法」の策定により、米航空軍が陸軍から独立して空軍となった際（同年九月）、対空砲兵部隊は空軍に移らず、地上対空兵器の主力が高射砲から地対空ミサイルに移ったのちも、地対空ミサイル部隊として陸軍に残った。

ただし、その性格上空軍と共同任務につくことも少なくなく、場合によっては空軍指揮下に入ることもある。第三八防空砲兵旅団の前身、第三八砲兵旅団も韓国においては空軍の指揮下で活動しており、司令部は米空軍第三一四航空師団および韓国空軍司令部とともに烏山米空軍基地に置いていた。

なお、米空軍の三沢基地（青森県）に置かれ、日本のミサイル防衛システムにも大きな役割を果たしている統合戦術地上ステーション（ＪＴＡＧＳ）も、インド太平洋軍と同じ統合軍である米戦略軍（コマンド）の麾下ではあるが、陸軍の機関である。

トランプ政権は、「米軍再編の取組として、より大規模な優れた統合戦力の整備を目標」としているという（前掲『防衛白書』平成29年版）。相模総合補給廠への第三八防空砲兵旅団司令部の開設は、リバランス体制下の「（トランプ政権の）新たな国家防衛戦略」（同書）と無関係ではない。

占領期、相模原・座間地区の旧日本軍施設は、東日本に展開する米軍の中継地あるいは米兵の復員と補充の拠点となった。さらに、日本国内に「非常事態」が発生した場合には、この「非常事態」を沈静化するための拠点のひとつとなった。

朝鮮戦争が勃発するとキャンプ座間は、米軍の兵站・後方の中枢基地となり、「世界で最も大きい工廠」陸軍横浜技術廠相模工廠（現、相模総合補給廠）は二四時間体制で業務を遂行した。日米安保条約が締結されると、相模原の米軍基地や施設は、「日本防衛基地の中枢」となり、ベトナム戦争時には、相模補給廠（現、相模総合補給廠）で修理・再生措置を施された装甲車輌は再びベトナムの戦場に送られた。

米軍の再編成（トランスフォーメーション）が進み、さらに米国が「テロとの戦い」を遂行するなか、キャンプ座間には精鋭の戦闘部隊である第一軍団の前方司令部が置かれることになった。

そして、今、米国のアジアへのリバランス戦略が明らかにされて以降、キャンプ座間と相模総合補給廠は、進展する日米「同盟」とミサイル防衛を中心とする「新たな国家防衛戦略」を象徴的に示すものとなった。

キャンプ座間や相模総合補給廠の米軍全体のなかでの役割は、一部返還という一般市民の眼に見える現実とは裏腹に、リバランス体制のなかでこれまで以上に国際情勢と結びつき、その役割は確実に拡大してきている。

あとがき

米海軍の厚木航空施設（厚木基地）や横須賀海軍施設に比し、同陸軍のキャンプ座間や相模総合補給廠は、全国的には〈じみ〉な存在である。ベトナム戦争当時、相模補給廠（現、相模総合補給廠）を舞台に展開された「戦車闘争」を除けば、キャンプ座間や相模総合補給廠が全国的に注目されることは少なかった。

しかし今日、キャンプ座間には在日米陸軍の司令部が置かれ、この司令部が兼務する形で第一軍団の前方司令部が置かれている。相模総合補給廠には日本全土の米軍ミサイル基地を統括する防空砲兵旅団の司令部が置かれている。二〇一八年までは、日米「同盟」の象徴とも言うべき陸上自衛隊中央即応集団の司令部も置かれていた。キャンプ座間と相模総合補給廠は、米国（米軍）の極東戦略上極めて重要な位置を占めているのである。

米軍の基地や施設については、賛否双方の立場から様々な議論がなされている。しかし、米軍の基地や施設を論ずる際にまず必要とされることは、その基地や施設が、どのような任務を担い、米軍内でどのような位置にあるのか、さらには米国（米軍）の戦略上どのような役割を果たしているのかを明らかにすることではないだろうか。キャンプ座間と相模総合補給廠について、その任務と米軍内での位置付け、米国（米軍）戦略上の役割について歴史的に明らかにしたい。筆者が本書をまとめたのはそんな思いからである。

本書の執筆に際しては、なるべく客観的な歴史的事実を中心に記述するように努めた。それ故、筆者の米軍基地や施設に対するスタンスが明らかにされていない、あるいは、客観的事実を記すというならば、米軍との交流や米軍がもたらしたアメリカ文化についても触れるべきではないか、というようなご批判は当然あることと思うが、旧日本軍時代を含めれば一世紀以上に及ぶキャンプ座間と相模総合補給廠の歴史を、新書一冊にまとめるという〈無謀な〉試みに免じてご容赦願いたい。

本書のもとになったのは、『相模原市史』（現代通史編・現代テーマ編）及び『座間市史』5（通史編下）のために執筆した拙稿である（署名原稿）。ただし本書の執筆に際して、構成の変更、文章の加筆・修正を大幅に行った。とは言え、相模原市史、座間市史の編纂事業がなければ本書が生まれることはなかった。相模原市史、座間市史の編纂に関係された方々（特に、浜田弘明、羽田博昭両氏の御論稿からは多くを学ばせていただいた）に、この場を借りて改めて敬意と謝意を表したい。

二〇一九年九月二日

栗田尚弥

有隣新書刊行のことば

　国土がせまく人口の多いわが国においては、近来、交通、情報伝達手段がめざましく発達したためもあって、地方の人々の中央志向の傾向がますます強まっている。その結果、特色ある地方文化は、急速に浸蝕され、文化の均質化がいちじるしく進みつつある。その及ぶところ、生活意識、生活様式のみにとどまらず、政治、経済、社会、文化などのすべての分野で中央集権化が進み、生活の基盤であるはずの地域社会における連帯感が日に日に薄れ、孤独感が深まって行く。われわれは、このような状況のもとでこそ、社会の基礎的単位であるコミュニティの果たすべき役割を再認識するとともに、豊かで多様性に富む地方文化の維持発展に努めたいと思う。

　古来の相模、武蔵の地を占める神奈川県は、中世にあっては、鎌倉が幕府政治の中心地となり、近代においては、横浜が開港場として西洋文化の窓口となるなど、日本史の流れの中でかずかずのスポットライトを浴びた。

　有隣新書は、これらの個々の歴史的事象や、人間と自然とのかかわり合い、ときには、現代の地域社会が直面しつつある諸問題をとりあげながらも、広く全国的視野、普遍的観点から、時流におもねることなく地道に考え直し、人知の新しい地平線を望もうとする読者に日々の糧を贈ることを目的として企画された。

　古人も言った、「徳は孤ならず必ず隣有り」と。有隣堂の社名は、この聖賢の言葉に由来する。われわれは、著者と読者の間に新しい知的チャンネルの生まれることを信じて、この辞句を冠した新書を刊行する。

一九七六年七月十日

有　隣　堂

キャンプ座間と相模総合補給廠
二〇二〇年（令和二）一月二九日　初版第一刷発行
著者　栗田尚弥
発行者――松信　裕
発行所――株式会社　有隣堂
本　社　横浜市中区伊勢佐木町一―四―一　郵便番号二三一―八六二三
出版部　横浜市戸塚区品濃町八八一―一六　郵便番号二四四―八五八五
電話〇四五―八二五―五五六三
印刷――図書印刷株式会社

ISBN978-4-89660-232-6 C0221

定価はカバーに表示してあります。
落丁・乱丁はお取り替えいたします。

デザイン原案＝村上善男

【主要参考文献（邦文文献）】

相模原市『基地白書』、相模原市、1970年
相模原市『続基地白書』、相模原市、1974年
相模原市『相模原市と米軍基地』、相模原市、1989年、2002年、2015年
相模原市『相模原市史』第四巻、相模原市、1971年
相模原市『相模原市史』現代図録編、相模原市、2004年
相模原市『相模原市史』現代史料編、相模原市、2008年
相模原市『相模原市史』現代通史編、相模原市、2011年
相模原市『相模原市史』現代テーマ編、相模原市、2014年
相模原市『相模原市史』近代資料編、相模原市、2017年
相模原市『相模原市史』別編、相模原市、2018年
神奈川県警察本部『神奈川県警察史』下巻、神奈川県警察本部、1974年
横浜市『横浜市史Ⅱ』資料編1（連合軍の横浜占領）、横浜市、1989年
横浜市『横浜市史Ⅱ』第二巻上、横浜市、1999年
横浜市『横浜市史Ⅱ』第二巻下、横浜市、2000年
大和市『大和市史』6　資料編（近現代下）、大和市、1994年
大和市『大和市史』3　通史編（近現代）、大和市、2002年
茅ヶ崎市『茅ヶ崎市史 現代』2（茅ヶ崎のアメリカ軍）、茅ヶ崎市、1995年
茅ヶ崎市『茅ヶ崎市史 現代』1（通史・六〇年の軌跡）、茅ヶ崎市、2006年
綾瀬市『綾瀬市史』4（資料編現代）、綾瀬市、2000年
綾瀬市『綾瀬市史』7（通史編近現代）、綾瀬市、2003年
座間市立図書館市史編さん係編『目で見る座間』座間市、1986年
座間市『座間市史』4（近現代資料編2）、座間市、2003年
座間市『座間市史』5（通史編下）、座間市、2014年
座間市『座間市と基地』、座間市、1983年、1998年、2004年
神奈川県『神奈川県史』資料編12（近代・現代2　政治・行政2）、神奈川県、1977年
神奈川県『神奈川県史』通史編5（近代・現代2　政治・行政2）、神奈川県、1982年
神奈川県『神奈川の米軍基地』（各年版）、神奈川県、1988年～
細谷千博・有賀貞・石井修・佐々木卓也編『日米関係資料集 1945-97』、東京大学出版会、1999年
平和・安全保障研究所編『アジアの安全保障』（各年度版）、朝雲新聞社、1979年～
防衛省（防衛庁）『防衛白書』（各年度版）、1970年～
大谷敬二郎『昭和憲兵史』（新装版）、みすず書房、1979年
山崎正男『陸軍士官学校』、秋元書房、1990年
佐藤昌一郎『地方自治体と軍事基地』、新日本出版社、1981年
江藤淳責任編集『占領史録第4巻－日本本土進駐』、講談社、1982年
高村直助・上山和雄・小風秀雅・大豆生田稔『神奈川県の百年』、山川出版社、1984年
金原左門編著『戦後史の焦点』、有斐閣、1985年
梅林宏道『情報公開法でとらえた在日米軍』、高文研、1992年
梅林宏道『在日米軍』、岩波書店、2002年
梅林宏道『米軍再編－その狙いとは』、岩波書店、2006年
梅林宏道『在日米軍－変貌する日米安保体制』、岩波書店、2017年
荒敬『日本占領史研究序説』、柏書房、1994年
倉沢愛子他編『岩波講座アジア・太平洋戦争7－支配と暴力』、岩波書店、2006年
木村朗編『米軍再編と前線基地・日本』、凱風社、2007年

豊下楢彦『安保条約の成立　吉田外交と天皇外交』、岩波書店、1996年
豊下楢彦『集団的自衛権とは何か』、岩波書店、2007年
古関彰一・豊下楢彦『集団的自衛権と安全保障』、岩波書店、2014年
古関彰一・豊下楢彦『沖縄 憲法なき戦後－講和条約三条と日本の安全保障』、みすず書房、2018年
江畑謙介『日本の安全保障』、講談社、1997年
江畑謙介『最新・アメリカの軍事力－変貌する国防戦略と兵器システム』、講談社、2002年
江畑謙介『米軍再編』、ビジネス社、2005年
江畑謙介『〈新版〉米軍再編』、ビジネス社、2006年
重光葵『昭和の動乱』（下）、中央公論新社（文庫版）、2001年
琉球新報社編『外務省機密文書　日米地位協定の考え方』、高文研、2004年
琉球新報社・地位協定取材班『検証［地位協定］日米不平等の源流』、高文研、2004年
久江雅彦『米軍再編－日米『秘密交渉』で何があったか』、講談社、2005年
森本敏『米軍再編と在日米軍』、文藝春秋、2006年
我部政明『戦後日米関係と安全保障』、吉川弘文館、2007年
菅原彬州編『連続と非連続の日本政治』、中央大学出版部、2008年
増田弘『マッカーサー－フィリピン統治から日本占領へ』、中央公論新社、2009年
明田川融『日米行政協定の政治史－日米地位協定研究序説』、法政大学出版局、1999年
明田川融『日米地位協定－その歴史と現在』、みすず書房、2017年
楠綾子『吉田茂と安全保障政策の形成』、ミネルヴァ書房、2009年
楠綾子『占領から独立へ』(現代日本政治史1)、吉川弘文館、2013年
斉藤光政『在日米軍最前線』、新人物往来社（文庫版）、2010年
春原剛『在日米軍司令部』、新潮社（文庫版）、2011年
前泊博盛『沖縄と米軍基地』、角川グループパブリッシング、2011年
前泊博盛『本当は憲法より大切な日米地位協定入門』、創元社、2013年
林博史『米軍基地の歴史－世界ネットワークの形成と展開』、吉川弘文館、2012年
孫崎享『戦後史の正体』、創元社、2012年
孫崎享・木村朗編著『終わらない〈占領〉－対米自立と日米安保見直しを提言する』、法律文化社、2013年
吉田敏浩・新原昭治・末浪靖司『検証・法治国家崩壊－砂川裁判と日米密約交渉』、創元社、2014年
吉田敏浩『「日米合同委員会」の研究』、創元社、2016年
末浪靖司『「日米指揮権密約」の研究－自衛隊はなぜ、海外へ派兵されるのか』、創元社、2017年
矢部宏治『知ってはいけない－隠された日本支配の構造』、講談社、2017年
矢部宏治『知ってはいけない2－日本の主権はこうして失われた』、講談社、2018年
前田哲男・林博史・我部政明編『〈沖縄〉基地問題を知る事典』、2013年、吉川弘文館
櫻澤誠『沖縄現代史－米国統治、本土復帰から「オール沖縄」まで』、中央公論新社、2015年
野添文彬『沖縄返還後の日米安保－米軍基地をめぐる相克』、吉川弘文館、2016年
伊勢崎賢治・布施祐仁『主権なき平和国家－地位協定の国際比較からみる日本の姿』、集英社、2017年
照屋寛之・荻野寛雄・中野晃一編著『危機の時代と「知」の挑戦』上、論創社、2018年
長谷川雄一・吉次公介・スヴェン・サーラ編著『危機の時代と「知」の挑戦』下、論創社、2018年
吉次公介『日米安保体制史』、岩波書店、2018年
信夫隆司『米軍基地権と日米密約－奄美・小笠原・沖縄返還を通して』、岩波書店、2019年
山本章子『日米地位協定－在日米軍と「同盟」の70年』、中央公論新社、2019年

大西比呂志・栗田尚弥・小風秀雅『相模湾上陸作戦－第二次大戦終結への道』、有隣堂、1995 年
上山和雄著『帝都と軍隊―地域と民衆の視点から』、日本経済評論社、2002 年
栗田尚弥編著『地域と占領－首都とその周辺』、日本経済評論社、2007 年
栗田尚弥編著『米軍基地と神奈川』、有隣堂、2011 年
栗田尚弥・柴田貴行・羽田博明・細井守『演習場チガサキ・ビーチ』、茅ヶ崎市、2011 年
ロバート・アイケルバーガー「東京への血みどろの道」『読売新聞』、1949 年～ 1950 年
ドワイト・D・アイゼンハワー（仲晃・佐々木謙一・渡辺靖訳）『アイゼンハワー回顧録』 1・2、みすず書房、1965 年、1968 年
ハリー・S・トルーマン（加瀬俊一・堀江芳孝訳）『トルーマン回顧録』 1・2、恒文社、1966 年
ジョージ・F・ケナン（清水俊雄・奥畑稔訳）『ジョージ・F・ケナン回顧録－対ソ外交に生きて』上・下、読売新聞社、1973 年
ジョージ・F・ケナン（近藤晋一・飯田藤次・有賀貞訳）『アメリカ外交 50 年』、岩波書店、2000 年
リチャード・ニクソン（松尾文夫・斎田一路訳）『ニクソン回顧録』第 1 部～第 3 部、小学館、1978 年～ 1979 年
ディーン・アチソン（吉沢清次郎訳）『アチソン回顧録』 1・2、恒文社、1979 年
竹前栄治・尾崎毅訳『米国陸海軍　軍政／民事マニュアル』、みすず書房、1978 年
ダグラス・マッカーサー（津島一夫訳）『マッカーサー大戦回顧録』上・下、中央公論新社（文庫版）、2003 年
ケント・E・カルダー（武井楊一訳）『米軍再編の政治学－駐留米軍と海外基地のゆくえ』、日本経済新聞出版社、2008 年
デイヴィッド・ヴァイン（西村金一監修、市中芳江・露久保由美子・手嶋由美子訳）『米軍基地がやってきたこと』、原書房、2016 年

※以上の他、各種雑誌論文、新聞各社の新聞記事、Francis D. Cronin, *Under the Southern Cross*, Combat Forces Press, Washinton D. C.,1951、Robert L. Eichelberger, *OUR JUNGLE ROAD TO TOKYO*, ZENGER PUBLISHING CO., INC., Washington, D. C., 1982 (Reprinted)、E. M. Flamagan, Jr., *The Angels, A History of 11th Airborne Division*, ZAVATO. C. O.,1989 などの英文文献、*Stars and Stripes* 及び *TORII* の各号、米国国立公文書館新館（米国メリーランド州）・マッカーサー記念館（米国ヴァージニア州）・トルーマン・ライブラリー（米国ミズーリ州）・米国議会図書館（ワシントン D.C.）・国立国会図書館東京館・外務省外交史料館所蔵の英文及び邦文資料、在日米軍・在日米陸軍など米軍関係ホームページを参照。

【関連年表】

西暦	和暦	月	日	相模原・座間地域に関連する事項	国内外の主要な事項
1873	明治 6	—	—		1.10　徴兵令が施行される
1874	明治 7	3	—	陸軍戸山学校が南多摩・高座地域で行軍演習を実施する	
1876	明治 9	4	—	「東京鎮台各隊」の露営演習が、八王子から甲州都留郡にかけて実施される	
1884	明治 17	7	—	高座郡において陸軍大学校の野外演習が実施される	
1885	明治 18	3	—	相模地方における「近衛諸隊春季演習」に伏見宮貞愛親王が臨席	
1888	明治 21	3	3	この年編成された騎兵第1大隊が、八王子近郊において野外演習を実施（～5日）	
		9	—	第1師団隷下の輜重兵第1大隊が、武蔵国入間郡から多摩郡及び相模国高座郡にかけて野外演習を実施する	
1891	明治 24	10	11	南多摩郡・高座郡において陸軍大学校の野外演習が実施される	
		10	—	近衛諸兵の秋季小機動演習が実施され、相模原・座間地域も宿営地となる	
1892	明治 25	4	—	陸軍教導団騎兵生徒の行軍・発火演習が実施され、相模原・座間地域も宿泊地となる	
1921	大正 10	11	17	皇太子（のちの昭和天皇）が統裁する陸軍特別大演習が、八王子・高座郡地域で実施され、大野村に臨時飛行場が設置される	
1923	大正 12				9. 1関東大震災発生
1924	大正 13	—	—	東京麻布の歩兵第3連隊の移転話が起こり、相原、大野、溝の各村が誘致運動を展開する	
1925	大正 14	11	16	高座郡及びその周辺において第1師団の師団対抗演習が実施され、橋本地区が電信第1連隊の宿営地となる（～19日）	
1931	昭和 6				9.18　柳条湖事件（満州事変勃発）
1936	昭和 11	6	27	座間・新磯・大野・麻溝4ヶ村長が第1師団経理部から、陸軍士官学校・練兵場の用地買収を申し込まれる	2.26　2・26事件
		6	30	座間・新磯・麻溝・大野各村長らが座間村役場に集まり、軍関係者と意見交換	
		8	13	敷地買収価格をめぐる軍との折衝が行われ、地主側の譲歩で交渉成立（6月30日以来8回折衝）	
		11	26	陸軍士官学校起工式	

西暦	和暦	月	日	相模原・座間地域に関連する事項	国内外の主要な事項
1937	昭和 12	8	―	陸軍士官学校移転で軍都として発展しつつある座間村と新磯村が合併し、同時に町制も施行する動き	7.7　盧溝橋事件(日中戦争勃発)
		9	30	陸軍士官学校、東京市ヶ谷より、麻溝村から座間村にわたる敷地に移転	
		10	2	座間村が都市計画法の適用を受ける	
		12	20	移転後初の陸軍士官学校の卒業式に合わせ、座間村が町制を施行し、座間町発足	
		12	20	陸軍士官学校第50 期卒業式にあたり行幸	
1938	昭和 13	3	1	臨時東京第三陸軍病院、大野村上鶴間に開院	
		8	13	陸軍造兵廠相模兵器製造所が大野村から相原村にわたる敷地に落成、開所式を挙行(のち相模陸軍造兵廠)	
		10	1	陸軍工科学校が大野村淵野辺に移転、開所式を挙行(のち陸軍兵器学校)	
1941	昭和 16	4	29	相原村・大野村・大沢村・上溝町・田名村・麻溝村・新磯村・座間町の 2 町 6 村が合併、相模原町発足	12. 8　米英に宣戦布告(太平洋戦争始まる)
1942	昭和 17	10	31	陸軍機甲整備学校、上溝町に移転完了	
1944	昭和 19				7.7　サイパン島の日本軍守備隊「玉砕」
1945	昭和 20	4	16	本土決戦に備えて、陸軍士官学校に第 53 軍司令部が置かれる(6 月玉川村に移動)	3.9　B29、東京を大空襲(～3.10) 3.17　硫黄島の日本軍守備隊「玉砕」 5.29　B29、横浜を大空襲 6.23　沖縄における日本軍の組織的抵抗終了 8.-　広島(6 日)・長崎(9 日)に原爆投下される 8.15　戦争終結の詔書放送(玉音放送)、敗戦 8.30　連合国軍最高司令官ダグラス・マッカーサー、厚木飛行場到着。米第 11 空挺師団麾下の部隊が厚木飛行場から県下各地に展開 9. 2　降伏文書調印 9.17　マッカーサーと総司令部、横浜から東京に移動
		8	30	相模原の陸軍施設が米第 11 空挺師団の管轄範囲に入る。	
		9	3	米第 1 騎兵師団が陸軍士官学校に司令部を開設。翌日にかけて同師団麾下の部隊が相模原の陸軍施設に進駐	
		9	9	米アメリカル師団が横浜港から相模原の陸軍施設に移動開始(～15 日頃)	
		9	10	アメリカル師団と麾下の第 182 歩兵連隊が陸軍兵器学校にそれぞれ師団司令部と連隊本部を開設。米第 27 歩兵師団麾下の第 106 歩兵連隊が陸軍士官学校に連隊本部を開設(～9 月下旬)	
		9	13	陸軍士官学校に米第 8 軍第 4 補充処が開設される	
		9	25	相模原陸軍病院に米陸軍第 128 衛戍病院が開設される。	
		10	―	下旬、第 1 騎兵師団麾下の第 5 騎兵連隊が相模陸軍造兵廠に連隊本部を開設	

西暦	和暦	月	日	相模原・座間地域に関連する事項	国内外の主要な事項
1945	昭和 20				10. 2　連合国軍最高司令官総司令部（GHQ）設置
1946	昭和 21				11. 3　日本国憲法公布
1947	昭和 22	—	—	陸軍機甲整備学校跡地に第 8 軍兵器学校等が置かれる（以後、米軍の各種部隊が置かれる）	3.12 トルーマン米大統領、トルーマン・ドクトリンを発表
1948	昭和 23	—	—	この年秋頃、陸軍士官学校跡地が正式にキャンプ座間の名称を与えられる	
1949	昭和 24	8	—	第 70 対空砲兵群司令部が厚木飛行場からキャンプ座間に移動。同群麾下の部隊も 7 月～ 8 月にかけて横浜からキャンプ座間に移動（1950 年 5 月、横浜日吉に移動）	
		12	20	旧相模陸軍造兵廠が改めて接収され、米陸軍横浜技術廠相模工廠となる	
		—	—	この年、旧陸軍機甲整備学校跡地が正式にキャンプ淵ノ辺の名称を与えられる（のちにキャンプ淵野辺）	
		—	—	この年の中頃、キャンプ淵ノ辺に第 40 対空砲兵旅団麾下の第 97 対空砲兵大隊が置かれる	
		—	—	この年の秋頃、キャンプ淵ノ辺に横浜コマンド麾下の第 584 技術建設群司令部が置かれる	
1950	昭和 25	5	10	旧日本陸軍電信第 1 連隊跡地が改めて接収され、米軍相模原住宅地区となる	6.25　朝鮮戦争勃発
		5	22	第 128 衛戍病院が横浜に移動し、代わって第 141 衛戍病院がキャンプ座間に入る	
		5	—	第 1 騎兵師団麾下の第 8 騎兵連隊が東京からキャンプ座間に移動（7 月上旬朝鮮半島に移動）	
		6	—	第 8 軍司令部が横浜からキャンプ座間に移動（7 月 12 日、朝鮮半島に移動）	
		—	—	この年、キャンプ座間に防空通信センターが置かれる	
		—	—	この年、キャンプ座間に駐屯部隊とは別にキャンプ司令部が置かれたと考えられる	
1951	昭和 26	—	—	この年の秋頃、第 24 歩兵師団麾下の第 34 歩兵連隊戦闘団が朝鮮半島からキャンプ座間に移動	9.8　サンフランシスコ講和条約・日米安全保障条約（旧安保条約）調印（1952.4.28 発効）
		—	—	この年、小倉製鋼淵野辺工場が相模工廠淵野辺工場となる	
1952	昭和 27	2	—	キャンプ座間司令部庁舎、米兵の失火により焼失	2.28　日米行政協定締結

西暦	和暦	月	日	相模原・座間地域に関連する事項	国内外の主要な事項
1952	昭和27	7	26	日本がアメリカ合衆国に提供する施設及び区域に関する協定締結。キャンプ座間ほか相模原・座間地区の6施設が米軍の「無期限使用」に供される	
		10	8	キャンプ座間において、化学・生物学・放射能兵器に関する教育訓練が実施される(～11月1日)	
		10	—	在日兵站／第8000部隊司令部が米極東陸軍司令部に改組される 1952年～53年頃、キャンプ淵野辺に国家安全保障局在日太平洋事務所が開設される	
1953	昭和28	10	—	極東軍司令部の主要梯団がキャンプ座間に移動を開始(年末作業終了)	7.27 朝鮮休戦協定成立
		11	—	キャンプ座間の敷地の一部が返還される	
		—	—	この年の夏、前年焼失したキャンプ座間司令部(通称「ペンタゴン」)が再建される	
1954	昭和29	—	—	第8軍司令部が韓国からキャンプ座間に移動、極東陸軍司令部と合体し、極東陸軍／第8軍司令部となる	
1955	昭和30	7	—	極東陸軍／第8軍司令部の本隊が韓国に移動、キャンプ座間にはその後方司令部が置かれる	
1956	昭和31	2	—	旧相模原陸軍病院跡地に、米第406医学研究所が東京から移転	12.18 日本、国際連合に加盟
		—	—	この年、横浜技術廠相模工廠が横浜技術廠から独立し、極東陸軍工兵機材廠となる	
1957	昭和32	7	1	極東陸軍司令部が廃止され、在日米陸軍司令部がキャンプ座間に置かれる。同司令部は第8軍後方司令部、国連軍後方司令部と合体	
		—	—	この年、極東陸軍工兵機材廠が在日米陸軍総合補給廠となる。(以後、同補給廠は、数度の組織変更と名称変更を経て、1974年7月相模総合補給廠となる※)	
1958	昭和33	—	—	旧相模原陸軍病院跡地に在日米陸軍医療センター(翌年、在日米陸軍医療本部に、さらに在日陸軍医療部に改称、通称は米軍医療センター)が開設される	
1959	昭和34	3	—	在日米陸軍司令部兼国連軍・第8軍後方司令部が分離、それぞれ独立の司令部となる	
		7	—	在日米陸軍司令部が、第6兵站コマンド司令部と合体、在日米陸軍／第6兵站コマンド司令部となる	
		8	—	相模総合補給廠の一部が返還される	
1960	昭和35	10	17	米陸軍相模工廠淵野辺工場(通称プラント8)の返還式が行われる	1.19 日米相互協力および安全保障条約(新安全保障条約)調印(6.23批准・発効)

西暦	和暦	月	日	相模原・座間地域に関連する事項	国内外の主要な事項
1961	昭和 36	—	—	この年、在日米陸軍／第 6 兵站コマンド司令部が、在日米陸軍司令部となる	
1963	昭和 38				11.22　ケネディ米大統領暗殺
1964	昭和 39				8.2　ベトナムにおいてトンキン湾事件発生 8.4　米軍機、北ベトナム軍基地を爆撃（ベトナム戦争始まる）
1966	昭和 41	1	—	ベトナム戦争が激化し、米陸軍医療センターに負傷兵が搬送される	
		7	1	相模総合補給廠に所沢兵站センター機能が統合される	
1967	昭和 42	12	23	キャンプ淵野辺周辺電波障害制限地区指定反対の総決起大会が行われ、市長を委員長とする相模原市電波障害制限地区指定反対実行委員会が発足	
1968	昭和 43	2	25	「米軍電波障害制限地区指定反対 1 万人の市民集会」が、キャンプ淵野辺正門前広場で開かれる	
		12	23	日米安全保障協議委員会において、座間小銃射撃場など全国約 50 の米軍施設の返還・移転計画が示される（24 日、日本側同意）	
1969	昭和 44	7	31	座間小銃射撃場が日本政府に全面返還される（国有地 7.2ha は自衛隊が暫定使用）	5.26　東名高速道路開通 7.25　ニクソン米大統領、ニクソン・ドクトリンを発表
		8	20	1959 年から停止中の相模総合補給廠引込み線が、再三の反対運動にもかかわらず使用再開される	
		9	—	在日米陸軍司令部が兼務していたキャンプ座間司令部が廃止される	
1970	昭和 45	1	6	米軍が相模原・座間・横須賀などの日本人基地労働者大量解雇を発表	3.14　日本万国博覧会開幕
		12	—	第 12 回日米安全保障協議会において、在日米軍基地の縮小・返還および自衛隊との共同利用が合意される	
1971	昭和 46	6	11	相模原市米軍基地返還促進市民協議会が発足	
		9	29	相模原市米軍基地返還促進市民協議会が、防衛庁・防衛施設庁・大蔵省・米大使館に、米軍基地早期返還と跡地利用促進を求める陳情書を提出	
		10	15	陸上自衛隊第 102 建設大隊がキャンプ座間に移転、日米共同使用が始まる	

西暦	和暦	月	日	相模原・座間地域に関連する事項	国内外の主要な事項
1972	昭和47	1	−	キャンプ座間の一部が返還される（以後、1991年11月まで5度にわたって一部返還が実施される）	5.15　沖縄の施政権返還 9.29　日中共同声明発表、日中国交回復
		5	4	在日米軍司令部が、相模総合補給廠で修理・整備した戦車などのベトナムへの輸送の事実を認める	
		5	15	第9軍団司令部が沖縄からキャンプ座間に移動、在日米陸軍司令部と合体し、在日米陸軍／第9軍団司令部となる	
		8	5	戦車などを積載した大型トレーラーが、横浜市内の村雨橋で反対団体に通行阻止される	
		9	19	相模総合補給廠から戦闘車輌搬出再開(〜11月10日)	
1973	昭和48	7	28	米軍基地返還促進市民総決起集会が相模原市民会館ホールで開催され、市民・国会議員ら約800人が参加	7.29　米軍、ベトナムから撤退完了
1974	昭和49	7	−	在日米陸軍相模補給廠が相模総合補給廠となる	
		11	30	キャンプ淵野辺が全面返還される（12月12日、返還式）	
1975	昭和50	8	−	相模総合補給廠の一部が返還される。（以後、今日まで数度にわたって一部返還が実施される）	4.30　ベトナム戦争終結
		10	12	市米軍基地返還促進市民協議会がキャンプ淵野辺跡地利用促進市民集会を開催	
1976	昭和51	10	17	市米軍基地返還促進市民協議会が、基地跡地有償3分割方式に反対する約19万2,000人の署名を、衆・参両院議長に提出	
1977	昭和52	12	15	日米合同委員会で米陸軍医療センター返還が合意される	
1978	昭和53	7	25	横浜線複線化に伴い、相模総合補給廠の一部が返還される（24,420㎡）	
1979	昭和54				12.27　ソ連、アフガニスタンに軍事介入
1981	昭和56	4	1	米陸軍医療センターが全面返還される。病院の機能の一部はキャンプ座間に移転	
1982	昭和57	4	−	キャンプ座間内に通信衛星用の地上ターミナルが建設される	
1988	昭和63	1	28	米陸軍相模原住宅地区の住宅建設(64戸)が、日米合同委員会で合意される	
1989	平成元	2	15	キャンプ座間の住宅建設（68戸）が、日米合同委員会で合意される	4.1　消費税実施(3%) 11.9　ベルリンの壁、実質撤廃
		4	1	文部省宇宙科学研究所が、キャンプ淵野辺跡地に移転	
1990	平成2	12	11	相模総合補給廠からペルシャ湾に向け、コンテナが搬出される	10.3　東西ドイツ統一

西暦	和暦	月	日	相模原・座間地域に関連する事項	国内外の主要な事項
1991	平成 3				1.17 米国を中心とする多国籍軍がイラクを空襲（湾岸戦争勃発） 12.25 ゴルバチョフ大統領が辞任を表明、ソビエト連邦消滅
1994	平成 6	9 11	— —	米軍が第 9 軍団を解体し、第 1 軍団に吸収する旨を公表する（翌年 9 月、解体） 第 9 戦域陸軍コマンドがキャンプ座間で創設される。これに伴い、在日米陸軍／第 9 軍団司令部は、在日米陸軍／第 9 戦域陸軍コマンド司令部となる	
1995	平成 7	8	—	米第 1 軍団前方事務所がキャンプ座間に開設される	1.17 阪神・淡路大震災発生 3.20 地下鉄サリン事件発生
1999	平成 11	12	—	エリック・シンセキ米陸軍参謀総長がキャンプ座間を訪問	
2000	平成 12	6	—	在日米陸軍／第 9 戦域陸軍コマンド司令部が規模を拡大して、在日米陸軍／第 9 戦域支援コマンド司令部となる	
2001	平成 13				9.11 米国同時多発テロ事件発生 10.7 米・英、アフガニスタンに攻撃開始（アフガニスタン紛争始まる）
2002	平成 14	10	—	在日米陸軍基地管理本部がキャンプ座間に新設される	
2003	平成 15				3.19 米・英軍、イラク攻撃開始（イラク戦争）
2004	平成 16	4	—	米国防総省が、米軍再編の一環として、第 1 軍団司令部の米本土からキャンプ座間への移転計画を公表	1.9 陸上自衛隊先遣隊・航空自衛隊本隊へのイラク派遣命令が出される
2005	平成 17	10 11	29 13	日米安全保障協議委員会の「中間報告」において、キャンプ座間の在日米陸軍司令部の機能強化が盛り込まれる。 「基地強化反対・早期返還を！緊急市民集会」開催	
2006	平成 18	5	1	日米安全保障協議委員会（2 プラス 2）で、相模総合補給廠の一部返還と野積場の共同使用が基本合意される	
2007	平成 19	12	19	第 9 戦域支援コマンドが第 1 軍団前方司令部に再編、在日米陸軍／第 1 軍団前方司令部となる	

西暦	和暦	月	日	相模原・座間地域に関連する事項	国内外の主要な事項
2008	平成20	6	6	相模総合補給廠の一部返還が、日米合同委員会で合意	
2009	平成21	12	―	米軍の事情により、第1軍団のキャンプ座間移転計画が保留となる	
2011	平成23	7	8	任務（作戦）指揮訓練センターが相模総合補給廠内に開設される	3.11　東日本大震災発生。東京電力福島第一原子力発電所で事故発生
		10	31	日米合同委員会において、キャンプ座間の一部返還（座間市域）が決定される	
2012	平成24	1	5	米オバマ大統領が「国防戦略指針」でアジアへのリバランス（米戦略の見直し）を表明	
		6	29	相模総合補給廠の共同使用について、日米合同委員会で合意	
2013	平成25	3	26	陸上自衛隊中央即応集団司令部が朝霞駐屯地（埼玉県）からキャンプ座間へ移動する	
2015	平成27	12	2	相模総合補給廠の一部（約35ha）の在日米陸軍と市の共同使用が開始	
2016	平成28	2	29	キャンプ座間の一部（座間市域部分・約5.4ha）が国へ返還される	
2018	平成30	3	26	自衛隊中央即応集団が廃止され、代わって陸上総隊が新設される	
		3	27	キャンプ座間（陸上自衛隊座間駐屯地）には、同総隊日米共同部が置かれる。	
		10	6	相模総合補給廠に第38防空砲兵旅団司令部が開設される	

※1957年～1974年に数度の名称変更がなされたが、本表ではこの間の施設の表記を「相模総合補給廠」に統一した。

出典：『相模原市史』別編（相模原市、2018年）所収の「年表」をもとに作成。